Klaus Ulshöfer

Dietrich Tilp

Darstellende Geometrie

in systematischen Beispielen

Arbeitsblätter

C. C. BUCHNER

Darstellende Geometrie in systematischen Beispielen
Arbeitsblätter

von Klaus Ulshöfer und Dietrich Tilp

Dieses Werk folgt der reformierten Rechtschreibung und Zeichensetzung. Ausnahmen bilden Texte, bei denen künstlerische, philologische oder lizenzrechtliche Gründe einer Änderung entgegenstehen.

1. Auflage 1^{43} 2007 2005
Die letzte Zahl bedeutet das Jahr dieses Druckes. Alle Drucke dieser Auflage sind, weil untereinander unverändert, nebeneinander benutzbar.

www.ccbuchner.de

Druck: Aktiv Druck & Verlag GmbH, Ebelsbach

ISBN 3 7661 **6092** 3

Vorangehende Seite:

Der heilige Hieronymus im Gehäus
Kupferstich von Albrecht Dürer (1514)

Vorwort

Diese Arbeitsblätter sind für Schülerinnen und Schüler der Oberstufe der allgemein bildenden und der technischen Gymnasien sowie für Studierende der Technikerschulen geeignet. Auch für Studenten der Ingenieurschulen, der pädagogischen Hochschulen und der Universitäten sind sie als Einführung in die Denkweise der darstellenden Geometrie und als Übungsmaterial sinnvoll einsetzbar.

Bei der Auswahl der Themen haben sich die Verfasser zunächst am Lehrplan der Oberstufe des Gymnasiums in Baden-Württemberg orientiert. Die dort vorgegebenen Inhalte wurden stellenweise ergänzt.

So ergeben sich folgende Inhalte:

1. *Erste Hinweise zu den Abbildungsverfahren (4 Blätter)*
2. *Parallelprojektion (Axonometrie) (15 Blätter)*
3. *Normale Axonometrie (8 Blätter)*
4. *Achsenaffinität (Perspektive Affinität) (12 Blätter)*
5. *Kreisabbildung (Parallelprojektion, Axonometrie) (10 Blätter)*
6. *Zugeordnete Normalrisse (Zweitafelverfahren) (22 Blätter)*
7. *Kreise in zugeordneten Normalrissen (7 Blätter)*
8. *Zentralprojektion (Perspektive) (15 Blätter)*

Diese Übungsblätter enthalten neben Standardaufgaben und Standardfiguren vor allem Beispiele, die aus dem Unterricht der Verfasser hervorgegangen sind. Einige der etwas weiterführenden Aufgaben lehnen sich an Arbeitsblätter an, die am Mathematischen Institut B der Universität Stuttgart entwickelt wurden. Wir danken Herrn Prof. Dr. Schaal dafür, dass er uns diese Aufgaben und guten Rat zur Verfügung gestellt hat.

Darstellende Geometrie beherrscht man dann, wenn man auftauchende Probleme konstruktiv lösen kann. Dazu muss stets gezeichnet werden, und daher ist es sinnvoll, schon beim Lernen möglichst viel selbst zu zeichnen. Es genügt nicht, über Theorie nachzudenken, Skizzen und fertige Zeichnungen zu betrachten – es ist nötig, selbst Bleistift, Zirkel und Zeichendreiecke oder andere Zeichenhilfsmittel zu benutzen, schon deshalb, weil hier rein praktische Schwierigkeiten auftauchen können. Keinesfalls darf die darstellende Geometrie als Sammlung von Zeichenrezepten missverstanden werden, denn ohne Verständnis der Zusammenhänge wäre ein selbstständiges Bearbeiten etwas abweichender Fragestellungen nicht sinnvoll möglich.

Klaus Ulshöfer
Dietrich Tilp

1.1. Zur Parallelprojektion und zur Zentralprojektion

Jede Parallelprojektion ist durch die Bildebene π und die Sehstrahlrichtung s festgelegt.

Die Gerade g schneidet π im Spurpunkt G. Sie hat die Bildgerade g^p.

Zeichnen Sie die Punkte A^p, B^p, C^p und G^p.

Begründen Sie:

Jede Parallelprojektion ist eine teilverhältnistreue Abbildung.

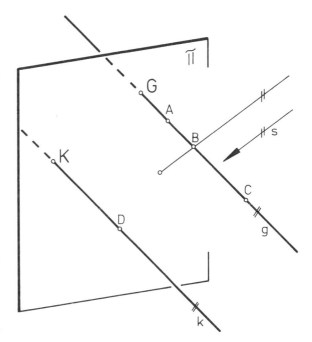

Die Geraden g und k sind parallel. k schneidet π im Spurpunkt K.

Zeichnen Sie die Bildgerade k^p und die Bildpunkte D^p und K^p.

Begründen Sie:

Parallelprojektionen sind parallelentreue Abbildungen.

Im Folgenden wird eine Skizze zur Zentralprojektion angefertigt.

Jede Zentralprojektion ist festgelegt durch die Bildebene π und das Zentrum O (Projektionszentrum, Auge).

Wir betrachten eine Gerade g. g schneidet π im Spurpunkt G. Es ist $G = G^c$; das heißt, dass G mit seinem Zentralriss G^c zusammenfällt.

Wir betrachten einen Punkt P von g und sein Zentralbild P^c. Wir lassen nun P auf g immer weiter vom Auge wegwandern. Dann nähert sich der Zentralriss P^c von P beliebig dem Fluchtpunkt F_g der Bildgeraden g^c.

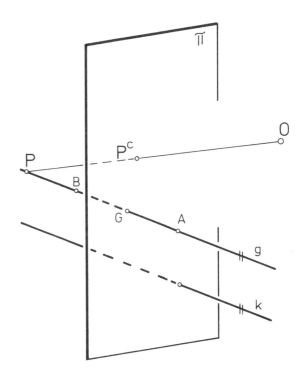

Wie kann man diesen Fluchtpunkt F_g der Geraden g^c konstruktiv gewinnen?
Die Parallele zu g durch das Zentrum O schneidet die Bildebene π im Fluchtpunkt F_g von g^c.

Konstruieren Sie g^c, A^c und B^c.
Die Gerade k sei zu g parallel gewählt. k schneidet π in K.
Zeichnen Sie die Bildgerade k^c.

Begründen Sie:
Zentralprojektionen sind weder teilverhältnistreue noch parallelentreue Abbildungen.

1.2. Skizzen: Parallelprojektion – Zentralprojektion

Mit Hilfe von zwei Parallelrissen soll verdeutlicht werden, was bei Parallelprojektion bzw. Zentralprojektion geschieht. Dazu wird der Würfel ABCDEFGH jeweils einer entsprechenden Abbildung unterworfen. Die Würfelfläche DCGH ist parallel zur Bildebene π.

$\overline{E^p H^p}$ ist das Bild der Würfelkante $\overline{EH}$ bei der Parallelprojektion.

$\overline{E^c H^c}$ ist das Bild der Würfelkante $\overline{EH}$ bei der Zentralprojektion mit Zentrum O.

Ergänzen Sie den Parallel- und den Zentralriss.

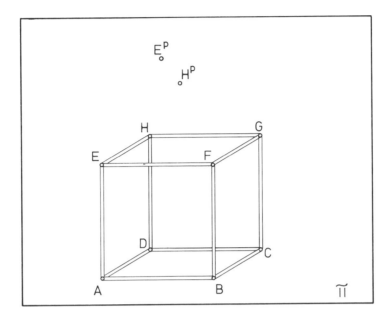

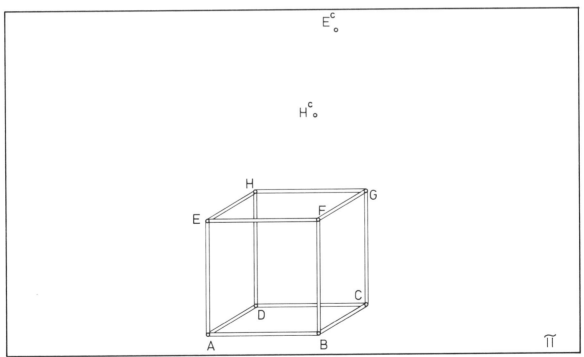

O °

1.3. Parallelriss – zugeordnete Normalrisse

In den folgenden Figuren ist der Punkt P (3/4/2) vorgegeben.
Tragen Sie die Punkte Q (3/0/2), R (2/2/2) und S (2/2/3) ein.

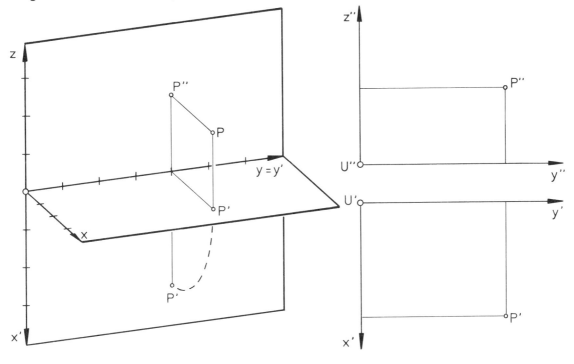

Vorgegeben ist der Parallelriss eines auf ein Koordinatensystem bezogenen Hauses.
Ermitteln Sie die Koordinaten der Eckpunkte und zeichnen Sie den Grund- und den Aufriss des
Hauses. Nehmen Sie an, dass Strecken in x^P-Achsenrichtung in halber wahrer Länge erschei-
nen und dass Strecken in y^P- bzw. z^P-Achsenrichtung unverzerrt sind.

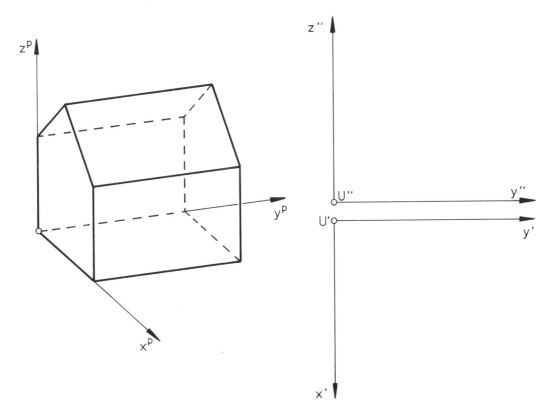

1.4. Zugeordnete Normalrisse

Zeichnen Sie zu den angegebenen Objekten jeweils den Grund-, den Auf- und den Kreuzriss. Im vorgegebenen Parallelriss betragen die Einheiten auf den Achsenbildern $e_x = 0{,}5$ cm, $e_y = e_z = 1$ cm. Die räumliche Einheit ist $e = 1$ cm.

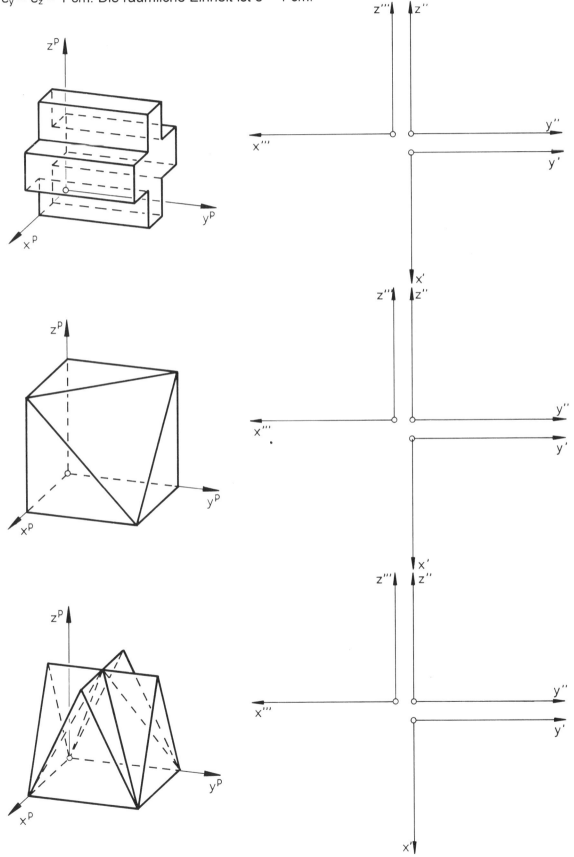

2.1. Eigenschaften der Parallelprojektion

Vorgegeben sind die Bildebene (Zeichenebene) π und die nicht zu π parallele Projektionsrichtung (Sehstrahlrichtung) durch eine Projektionsgerade s (einen Sehstrahl s).

Abbildungsvorschrift:

Der zu s parallele Projektionsstrahl (Sehstrahl) durch den Raumpunkt P ist mit der Bildebene π zu schneiden; der Schnittpunkt P^p ist der Bildpunkt (der Parallelriss, der Riss, die Projektion) von P.

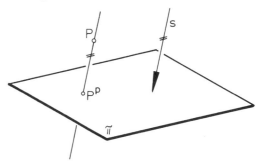

Abbildung von Geraden:

1. *Alle Punkte eines Sehstrahls haben den gleichen Bildpunkt. Daher ist das Bild jedes Sehstrahls jeweils ein einziger Punkt. Sehstrahlen sind projizierend.*

2. *Man nennt jede Parallele zur Bildebene eine Hauptlinie.*

Zeichnen Sie B^p, C^p und h^p.

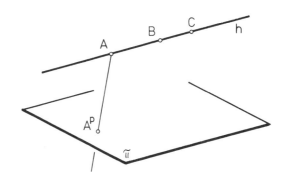

Hauptlinien werden längentreu abgebildet. Sind $\overline{AB}$, $\overline{AC}$, ... Strecken auf Hauptlinien, so gilt stets:

$$\overline{A^pB^p} = \overline{AB} \;, \; \overline{A^pC^p} = \overline{AC}, ...$$

3. Zeichnen Sie g^p, G^p, B^p und C^p.

Nichtprojizierende Geraden werden teilverhältnistreu abgebildet:

$$\frac{\overline{A^pB^p}}{\overline{C^pB^p}} = \frac{\overline{AB}}{\overline{CB}} \;, \; \frac{\overline{A^pG^p}}{\overline{B^pG^p}} = \frac{\overline{AG}}{\overline{BG}} \;, ...$$

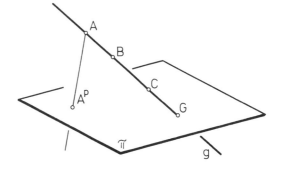

4. Zeichnen Sie G^p, B^p, C^p und k^p ein.
Wählen Sie auf k beliebige Punkte D und E. Zeichnen Sie D^p und E^p ein.

Parallele Strecken auf nichtprojizierenden Geraden haben parallele Risse und sie werden in gleicher Weise verzerrt:
Ist g zu k parallel, so ist auch g^p zu k^p parallel.
Es sei $\overline{AB}$ eine Strecke auf g und $\overline{A^pB^p} = r\,\overline{AB}$. Wählen wir dann eine Strecke $\overline{DE}$ beliebig auf g oder auf einer zu g parallelen Geraden k, so gilt $\overline{D^pE^p} = r\,\overline{DE}$ mit der gleichen reellen Zahl r.

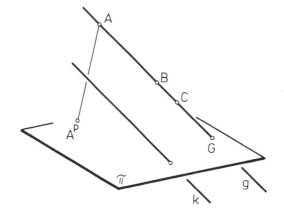

2.2. Parallelrisse einfacher Körper (1. Teil)

Im Folgenden wird die Lage der Bildebene zur Projektionsrichtung nicht verändert. Dagegen werden Körper in verschiedenen Lagen zur Bildebene abgebildet.

a) Zunächst bilden wir einen Würfel mit den Eckpunkten A, B, C, D, E, F, G und H ab. $\overline{AE}$, $\overline{BF}$, $\overline{CG}$ und $\overline{DH}$ sind vier der acht zur Bildebene parallelen Würfelkanten.
Gegeben sind die Bildpunkte A^P, B^P, D^P und E^P. Ergänzen Sie den Parallelriss des Würfels. Wie werden bei dieser Parallelprojektion (bei dieser gegenseitigen Lage von Bildebene und Projektionsrichtung) solche Strecken abgebildet, die senkrecht zur Bildebene stehen?

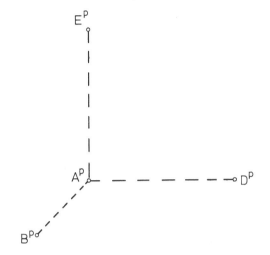

b) Wir drehen nun den Würfel so, dass die durch die Würfelecken A, C, E und G gegebene Ebene parallel zur Bildebene zu liegen kommt.
Zeichnen Sie den Parallelriss des Würfels. Die Kante $\overline{BF}$ sei sichtbar. Unsichtbare Kanten sind zu stricheln.

$A^P \circ$

c) Eine Pyramide hat eine quadratische Grundfläche mit den Eckpunkten A, B, C und D. Die Grundkante $\overline{AB}$ steht zur Bildebene senkrecht (die Grundkante $\overline{AD}$ ist zur Bildebene parallel). Es handelt sich um eine senkrechte Pyramide der Höhe 4,5 cm.
Konstruieren Sie den Parallelriss der Pyramide. Unsichtbare Kanten sind gestrichelt zu zeichnen.

2.3. Parallelrisse einfacher Körper (2. Teil)

d) Zugrunde liegt der Würfel der Teilaufgabe b). Seine Deck-
fläche EFGH ist die Grundfläche einer aufgesetzten
Pyramide, deren Spitze S außerhalb des Würfels liegt.
Die Seitenkanten der Pyramide sind 5 cm lang.
Stellen Sie den Gesamtkörper so auf, dass die Pyrami-
denkanten $\overline{ES}$ und $\overline{GS}$ zur Bildebene parallel verlaufen.
Zeichnen Sie den zugehörigen Parallelriss. Unsichtbare
Kanten sind zu stricheln. Zeichnen Sie auch den Grund-
riss des Körpers. Drehen Sie das Dreieck EGS um die
Gerade EG parallel zur Grundrissebene. Ermitteln Sie
auch dadurch die wahre Länge der Pyramidenhöhe.

e) Ein Tetraeder ist eine Pyramide, deren Grundfläche ein
gleichseitiges Dreieck ist und deren Seitenflächen hierzu
kongruent sind. Es soll ein Tetraeder mit der Grundfläche
ABC und der Spitze S abgebildet werden, dessen Kanten
6 cm lang sind.
Zeichnen Sie den Grundriss und ermitteln Sie die wahre
Höhe h des Tetraeders. Zeichnen Sie den Parallelriss,
wenn die Grundfläche senkrecht zur Bildebene steht und
die Grundkante $\overline{AB}$ parallel zur Bildebene verläuft.

2.4. Parallelprojektion – Durchschnittsmethode

Vorgegeben sind jeweils Grund- und Kreuzriss eines Würfels samt einer Bildebene π und einer Projektionsrichtung s.

a) Ermitteln Sie die Parallelrisse der Würfeleckpunkte mit Hilfe des Grund-, des Kreuzrisses und des uv-Koordinatensystems in der Bildebene. Zeichnen Sie den Parallelriss des Würfels. Unsichtbare Kanten sind zu stricheln.

b) Der Würfel wurde gedreht. Ergänzen Sie den Kreuzriss und zeichnen Sie dann den Parallelriss dieses Würfels.

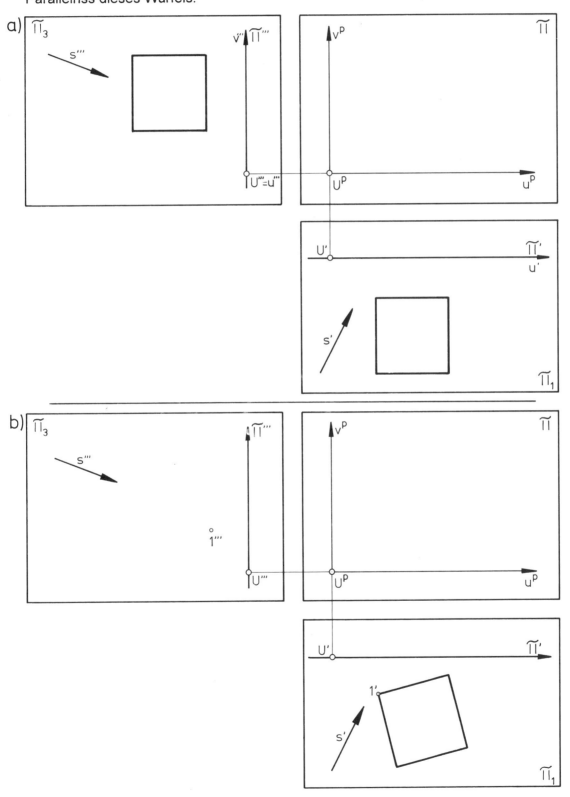

2.5. Axonometrisches Bild einer Schutzhütte (Angabe)

Das Modell einer Schutzhütte ist auf ein räumliches (kartesisches) Koordinatensystem bezogen. Vorgegeben sind der Grund-, der Auf- und der Kreuzriss.

Konstruieren Sie zwei verschiedene axonometrische Bilder des Modells der Hütte. Dazu ist im nächsten Blatt jeweils der Parallelriss der Koordinatenachsen vorgegeben. Unsichtbare Kanten sind nicht einzuzeichnen.

Wir bezeichnen die Länge der räumlichen Einheitsstrecke mit e. Wählen Sie für das erste Bild $e_x = 0,5\,e$, $e_y = e_z = e$ als Längen der Einheitsstrecken auf den Achsenbildern. Nehmen Sie beim zweiten Bild $e_x = e_z = e$, $e_y = 0,75\,e$.

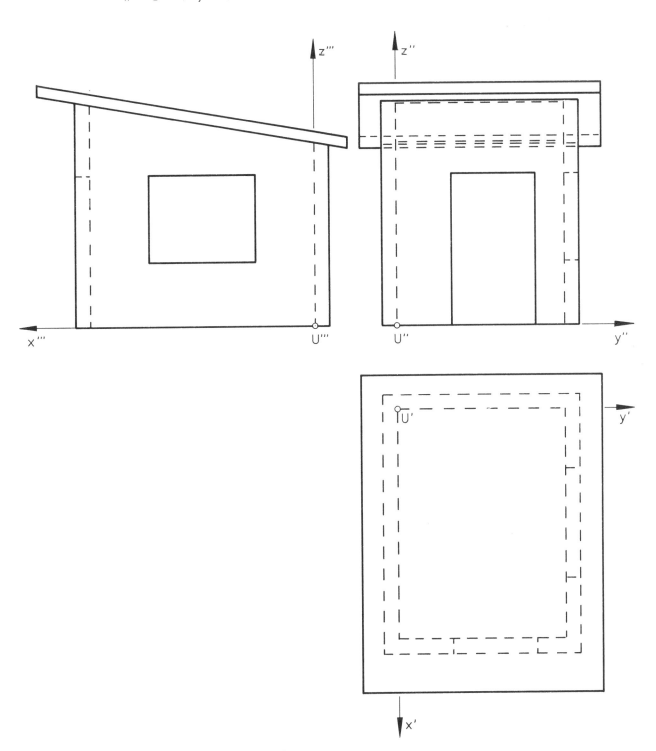

2.6. Axonometrisches Bild einer Schutzhütte (Ausführung)

Zeichnen Sie die im vorhergehenden Blatt beschriebene Schutzhütte.

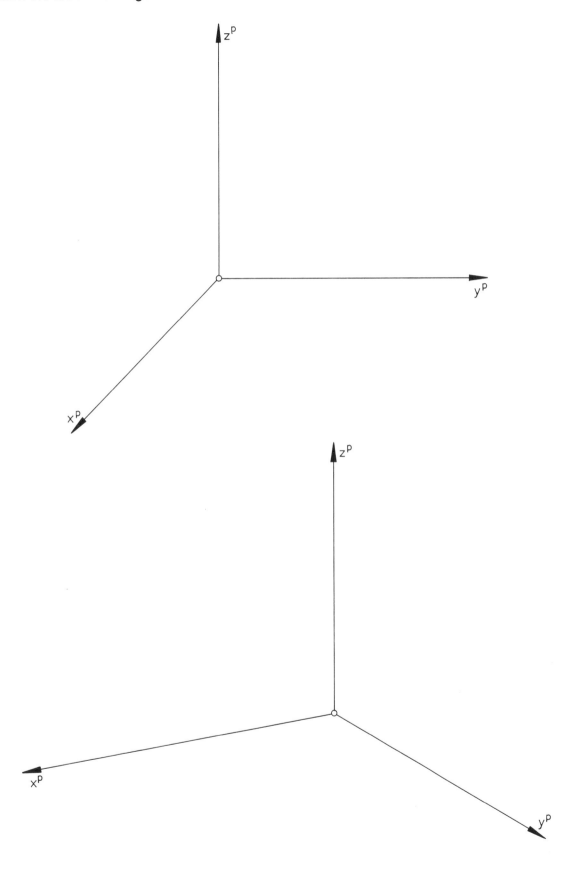

2.7. Axonometrisches Bild eines Hauses I

Ergänzen Sie den Grundriss des Modells eines Hauses. Zeichnen Sie danach das axonometrische Bild zum vorgegebenen Bild der Koordinatenachsen. Dabei sei $e = e_z$ und $e_x : e_y : e_z = 7 : 6 : 8$. (e bezeichnet die Länge der räumlichen Einheitsstrecke). Verwenden Sie Verkürzungswinkel. Unsichtbare Kanten sind nicht zu zeichnen.

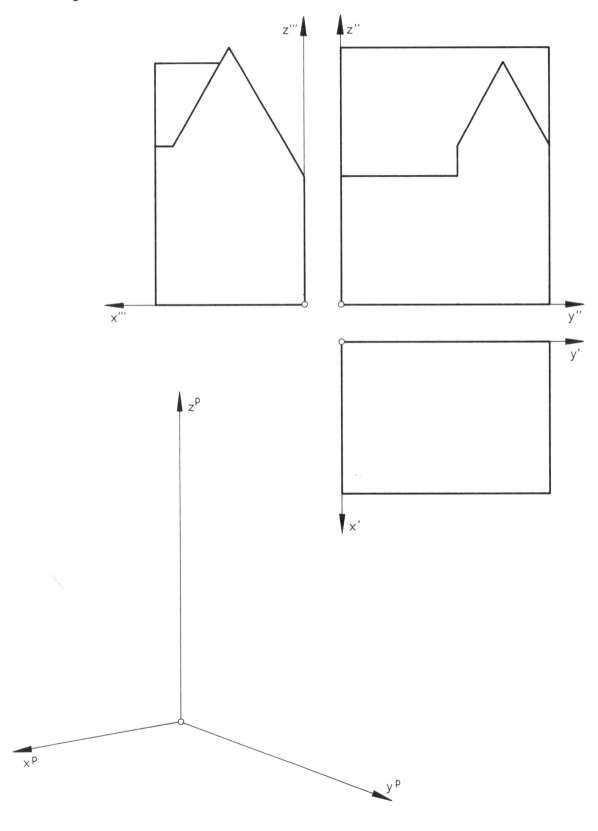

2.8. Axonometrisches Bild eines Hauses II

Im Folgenden sind vom Modell eines Hauses der Auf- und der Kreuzriss gegeben. Ergänzen Sie zunächst den Grundriss. Zeichnen Sie danach das axonometrische Bild zum vorgegebenen Parallelriss der Koordinatenachsen. Wählen Sie $e_z = e$, $\lambda : \mu : \nu = e_x : e_y : e_z = 3 : 4 : 4$.

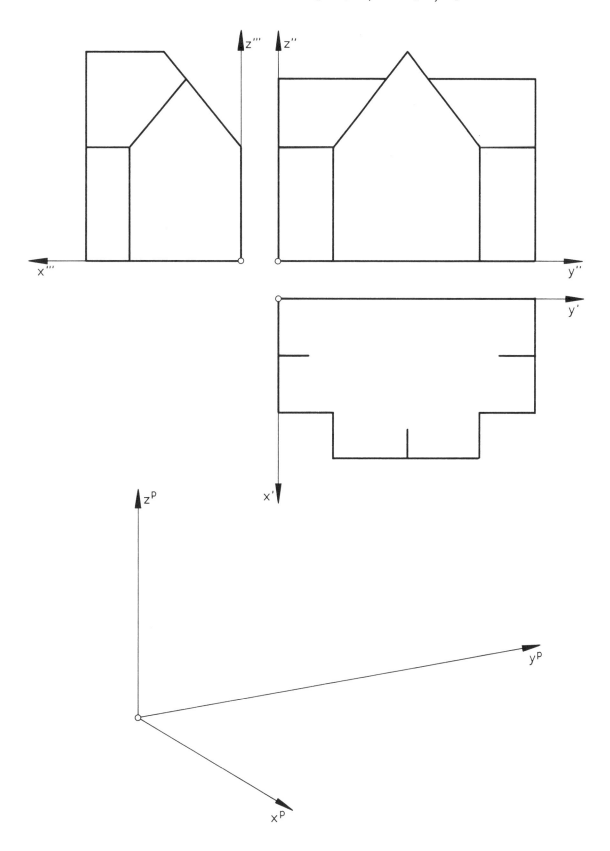

2.9. Axonometrisches Bild eines Holzständers

Vorgegeben ist das Modell eines Holzständers. Zeichnen Sie das axonometrische Bild des Modells. Wählen Sie dabei $e_x = 0,8\,e$, $e_y = 0,6\,e$, $e_z = 0,9\,e$. (e bezeichnet die Länge der räumlichen Einheitsstrecke.) Unsichtbare Kanten sind wegzulassen.

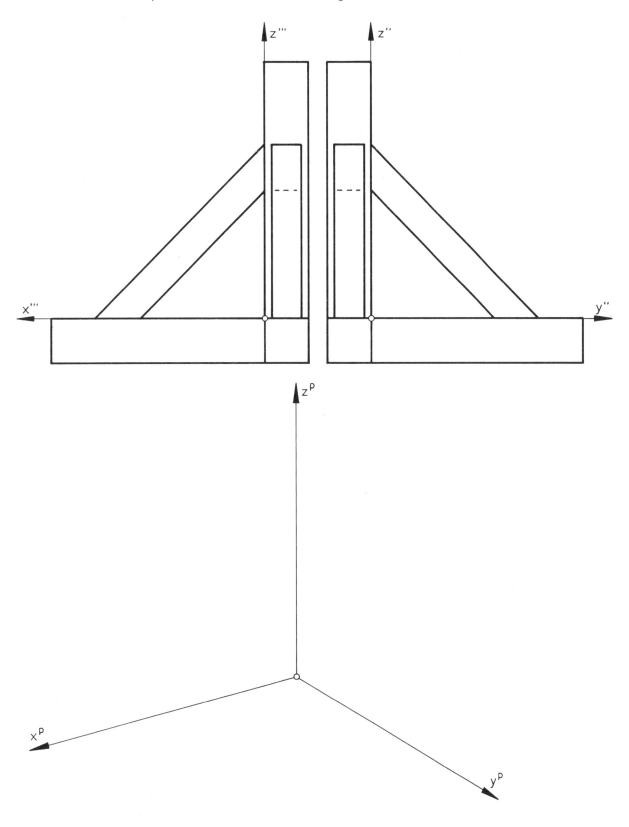

2.10. Axonometrie – Balkenverbindung (Angabe)

Eine aus fünf Balken bestehende Holzverbindung ist durch Grund- und Aufriss im Maßstab 1 : 20 gegeben. Weiter sind im nächsten Blatt zweimal zwei Parallelrisse der Koordinatenachsen gegeben.

Zeichnen Sie jeweils zunächst das Bild eines Probewürfels der Kantenlänge 40 cm in das kleinere Achsenbild. Zeichnen Sie jeweils danach das axonometrische Bild der Balkenverbindung. Verwenden Sie in beiden Fällen $e_x : e_y : e_z = 5 : 7 : 8$ und $e_z = 0{,}05\,e$. (e bezeichnet die Länge der räumlichen Einheitsstrecke der Holzverbindung, also beispielsweise $e = 1$ m.) Unsichtbare Kanten sind wegzulassen.

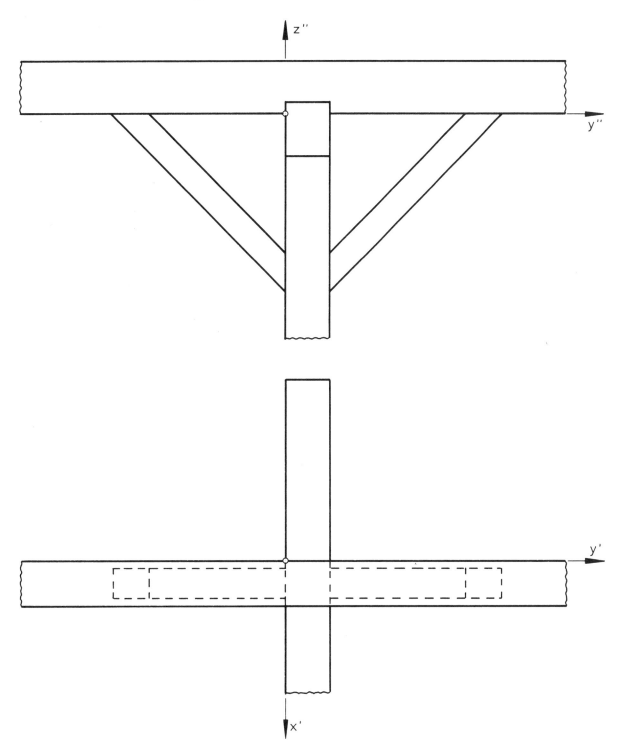

2.11. Axonometrie – Balkenverbindung (Ausführung)

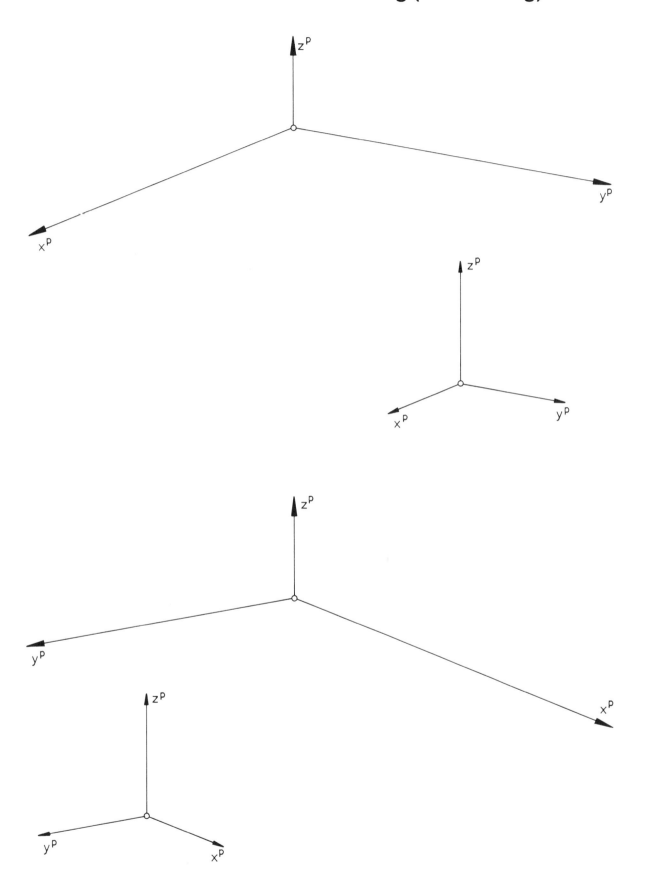

2.12. Militärriss eines Arbeitszimmers

Nun liegt die Grundrissebene parallel zur Bildebene der Parallelprojektion.

Das Zimmer ist mit einem Schrank und einem Schreibtisch möbliert. Im Zimmer liegt ein kreisrunder Teppich. Der Tisch steht unter dem Fenster.

Vorgegeben sind der Grund- und der Aufriss im Maßstab 1 : 60. Zeichnen Sie den „Militärriss" des Zimmers. Verwenden Sie die Achsenverzerrungen $\lambda : \mu : \nu = 4 : 4 : 3$. Benützen Sie einen Verzerrungswinkel. Unsichtbare Kanten sind wegzulassen.

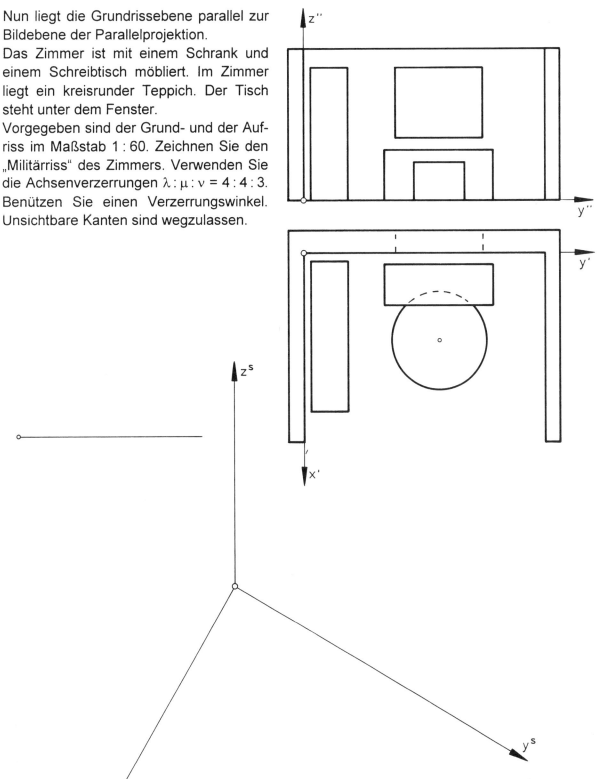

2.13. Frontale Axonometrie – Maschinenteil (Gabelkopf)

Hier liegt die Aufrissebene parallel zur Bildebene. Zeichnen Sie das axonometrische Bild (den „Kavalierriss") des durch Grund- und Aufriss vorgegebenen Gabelkopfes. Wählen Sie dabei $e_x = 0{,}75\,e$, $e_y = e_z = e$. Unsichtbare Kanten sind wegzulassen.

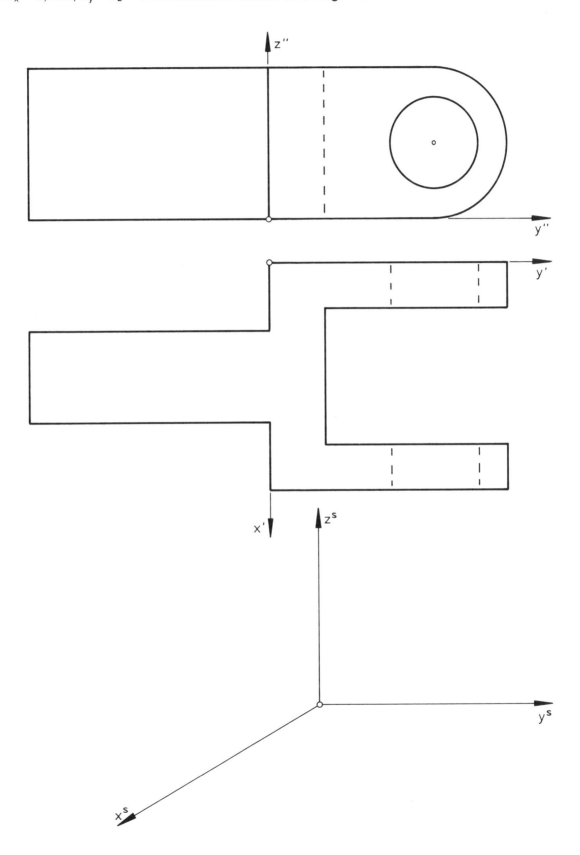

2.14. Axonometrie – Tetraeder

Im Folgenden ist ein Parallelriss eines auf ein kartesisches Rechtskoordinatensystem bezogenen Tetraeders anzufertigen. Die Länge der Einheitsstrecke des Koordinatensystems ist $e = 1$ cm. Wählen Sie $e_x = 0{,}9\,e$, $e_y = 0{,}7\,e$ und $e_z = 0{,}8\,e$. Zeichnen Sie zunächst im oberen Achsenbild einen Probewürfel der räumlichen Kantenlänge 4 cm. Benützen Sie Verzerrungswinkel.

Das Grunddreieck ABC des Tetraeders liegt in der xy-Ebene. Gegeben ist C (0/4,2/0). U (0/0/0) ist der Schwerpunkt des Grunddreiecks ABC. Der vierte Tetraederpunkt D hat eine positive z-Koordinate.

Zeichnen Sie zunächst den Grundriss des Tetraeders und ermitteln Sie mit seiner Hilfe die Länge der Tetraederhöhe. Zeichnen Sie nun den Parallelriss des Tetraeders. Unsichtbare Kanten sind zu stricheln.

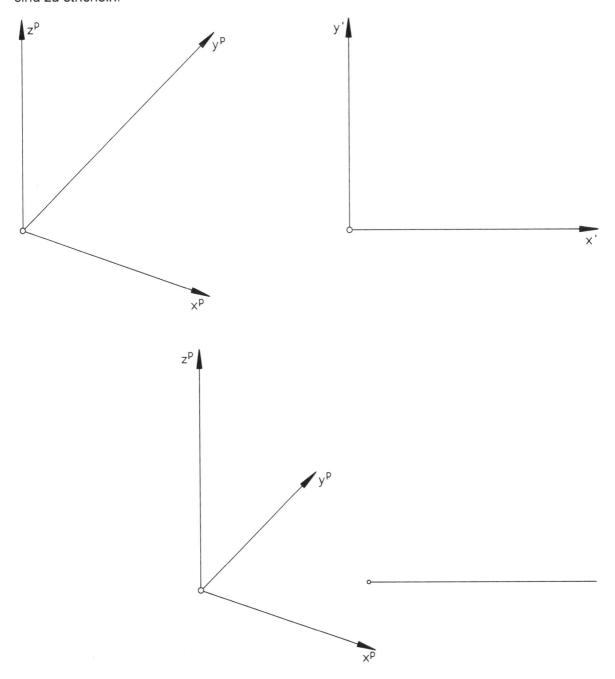

2.15. Axonometrie – Würfelmehrlinge

Die folgenden beiden Objekte sind jeweils durch ihren Grund- und Aufriss im Maßstab 1:2 ein-geführt. Nur Körperkanten sind eingezeichnet.

Das erste Objekt lässt sich aus sieben kongruenten Würfeln der Kantenlänge 2 cm aufbauen. Wählen Sie $\lambda:\mu:\nu = 1:2:2$ und $e_z = e$. Unsichtbare Kanten sind wegzulassen.

Das zweite Objekt lässt sich aus neunzehn kongruenten Würfeln aufbauen. Wählen Sie nun $\lambda:\mu:\nu = 3:4:4$ und $e_z = 0{,}9\,e$. Unsichtbare Kanten und auch Kanten der Einzelwürfel, die nicht gleichzeitig Kanten des Gesamtobjektes bilden, sind wegzulassen.

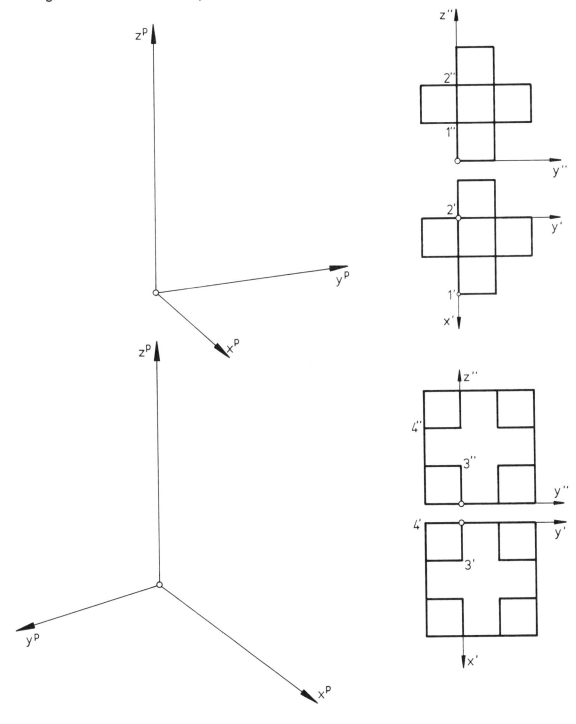

3.1. Verzerrungen bei normaler Axonometrie

Der Normalriss eines rechten Winkels ist ein rechter Winkel, wenn ein Schenkel eine Hauptlinie und der andere Schenkel nicht projizierend ist.
Diese wichtige Regel ist nicht gültig für einen Schrägriss; darunter versteht man einen Parallelriss, der kein Normalriss ist.

Vorüberlegung: Gegeben ist ein rechtwinkliges Koordinatensystem. Wir betrachten zunächst die z-Achse. Diese steht auf der durch die x- und die y-Achse aufgespannten xy-Ebene senkrecht. Das bedeutet, dass die z-Achse zu jeder Geraden der xy-Ebene senkrecht ist. Dabei ist es gleichgültig, ob die ins Auge gefasste Gerade der xy-Ebene die z-Achse schneidet oder nicht schneidet.

Aufgabe: Die Achsen eines rechtwinkligen Koordinatensystems schneiden die Bildebene π in den vorgegebenen Achsenspurpunkten X, Y und Z.

a) Zeichnen Sie die Schnittgeraden der Koordinatenebenen mit der Bildebene π (die Spurgeraden der Koordinatenebenen).

b) Konstruieren Sie die Bilder der Koordinatenachsen bei Normalprojektion. Der Spurpunkt X soll auf der positiven x-Halbachse liegen. (Denken Sie sich dabei den Koordinatenursprung hinter der Bildebene liegend.)

c) Klappen Sie das Dreieck XUY um die Spurgerade XY in die Bildebene hinein.

d) Die Längeneinheit e im räumlichen Koordinatensystem sei e = 2 cm. Konstruieren Sie die Normalrisse der „Einheitspunkte" $E_x\,(1/0/0)$, $E_y\,(0/1/0)$ und $E_z\,(0/0/1)$. Damit erhalten Sie auch die Längen e_x, e_y und e_z.

$_\circ$Z

$^\circ$
X

$^\circ$ Y

3.2. Isometrische normale Axonometrie

Bei einer normalen (orthogonalen) Axonometrie ist das Spurdreieck das unten angegebene gleichseitige Dreieck XYZ. Der Spurpunkt X liegt auf der positiven x-Halbachse. (Der Ursprung liegt vor der Bildebene).

a) Im ersten Oktanten liegt ein Würfel der Kantenlänge e = 3 cm so, dass drei seiner Kanten in Koordinatenachsen fallen. Konstruieren Sie den Normalriss des Würfels zum vorgegebenen Spurdreieck.

b) Ermitteln Sie mit Hilfe einer geeigneten Konstruktion den Abstand d des Ursprungs des Koordinatensystems von der Bildebene.

Z

Y   X

3.3. Normale Axonometrie – Gedenkstein

Zeichnen Sie das im Folgenden gegebene Modell eines Gedenksteins. Verwenden Sie dabei den unten vorgegebenen Normalriss der Koordinatenachsen. Benützen Sie den oberen Normalriss zur Ermittlung der benötigten verzerrten Längen. Unsichtbare Kanten sind nicht zu zeichnen.

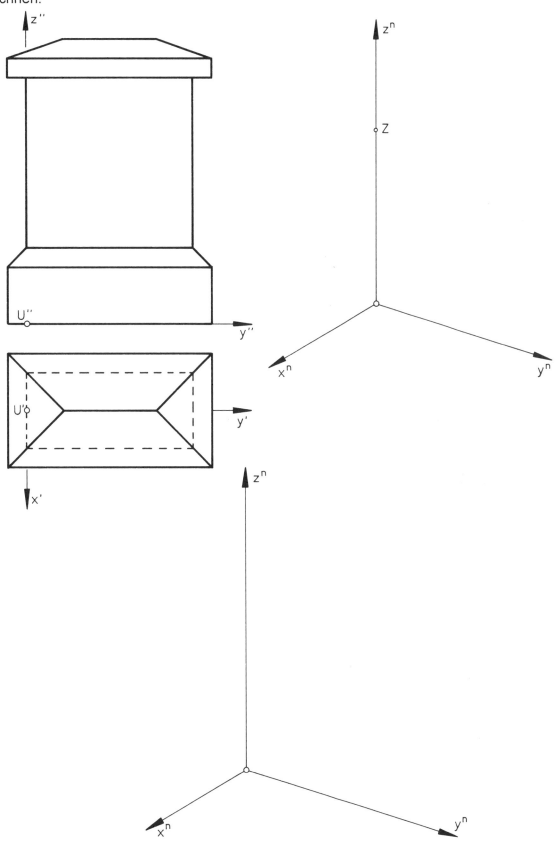

3.4. Normale Axonometrie – Holzverzapfung (Angabe)

Gegeben sind zunächst der Auf- und der Kreuzriss einer Holzverzapfung (Explosionszeich-nung). Zeichnen Sie im nächsten Blatt das normal-axonometrische Bild dieser Verzapfung. Dazu ist zweimal ein Normalriss der Achsen des räumlichen Koordinatensystems vorgegeben. Ermitteln Sie im oberen Riss die benötigten Verzerrungsfaktoren. Verwenden Sie auf einem extra Blatt Verzerrungswinkel. Unsichtbare Kanten sind zu stricheln.

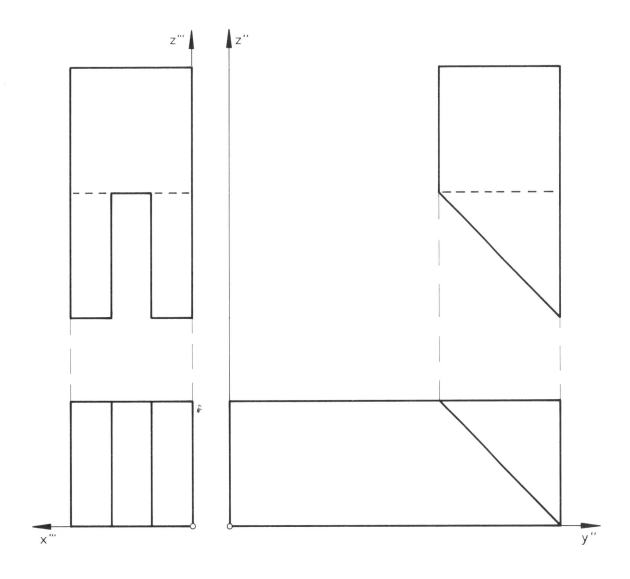

3.5. Normale Axonometrie – Holzverzapfung (Ausführung)

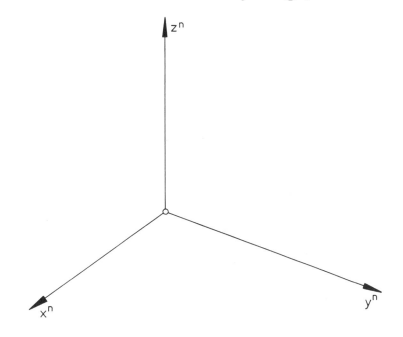

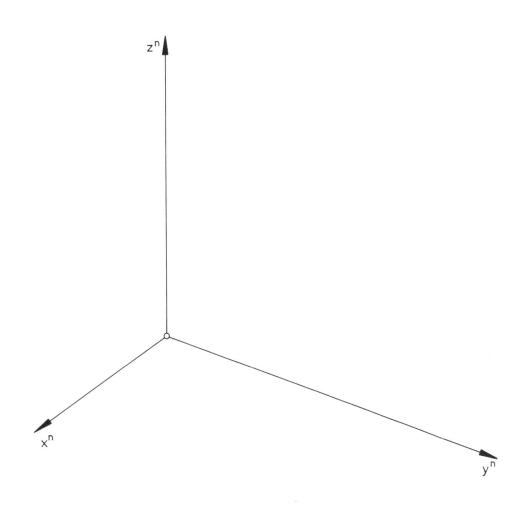

3.6. Normale Axonometrie – Baluster (Kugelabbildung)

Durch Grund- und Aufriss ist das Modell eines Balusters (kleine Säule mit aufgesetzter Kugel) gegeben. Zeichnen Sie ein normal-axonometrisches Bild dieses Modells. Dazu ist der Normalriss der Koordinatenachsen vorgegeben. Unsichtbare Kanten sind zu stricheln.

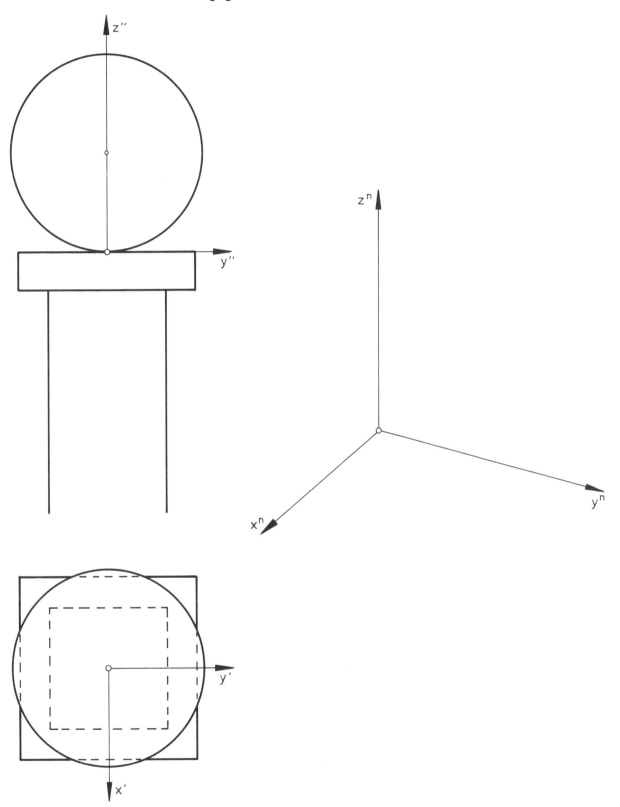

3.7. Einschneideverfahren – Quader mit Pyramide

Gegeben sind der Grund- und der Aufriss eines Objekts im Maßstab 1 : 2. Zeichnen Sie mit Hilfe des Einschneideverfahrens den Normalriss des Objekts zum vorgegebenen Spurdreieck XYZ des Koordinatensystems. Der Spurpunkt X liege auf der positiven x-Halbachse. Unsichtbare Kanten sind zu stricheln.

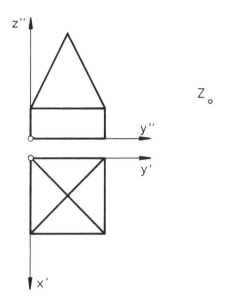

3.8. Einschneideverfahren – Halbzylinder

Gegeben sind Grund- und Aufriss eines Halbzylinders im Maßstab 1 : 2. Zeichnen Sie mit Hilfe des Einschneideverfahrens den Normalriss des Objekts zum vorgegebenen Spurdreieck XYZ des Koordinatensystems. Der Spurpunkt X liege auf der positiven x-Halbachse. Konstruieren Sie auch Tangenten an die Bildkurven der beim Halbzylinder auftretenden Randhalbkreise. Unsichtbare Umrisse sind zu stricheln.

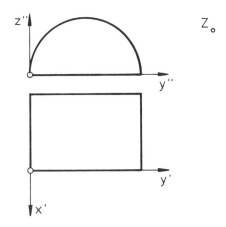

Z₀

X₀

°Y

4.1. Räumliche perspektive Affinität

Eine Parallelprojektion sei durch die Bildebene π und die Projektionsrichtung s vorgegeben. Es sei ε eine nichtprojizierende Ebene, welche π in der Geraden a schneidet. (ε ist also keine Hauptebene.)

Wir bilden nun allein die Punkte von ε ab (wir schränken die Parallelprojektion auf die Punkte von ε ein).

Ermitteln Sie die Bildpunkte $\overline{B}, \overline{C}$ und $\overline{D}$.

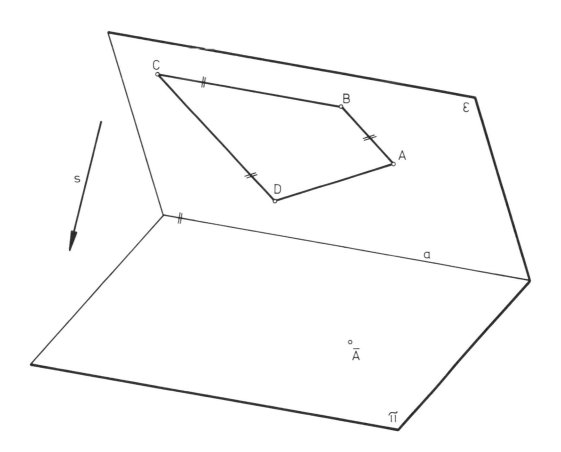

Die so erklärte Abbildung φ von ε auf π ist bijektiv, geradentreu, parallelentreu und teilverhältnistreu. Jeder Punkt von a ist ein Fixpunkt, das bedeutet, dass a eine Fixpunktgerade (Achse) ist.
Zum Konstruieren sind die beiden folgenden Eigenschaften besonders nützlich:
I. Die Verbindungsgeraden zugeordneter Punkte (Urpunkt – Bildpunkt) sind parallel (zur Projektionsrichtung).
II. Zugeordnete Geraden (Urgerade – Bildgerade) schneiden sich auf der Achse a, oder beide sind dazu parallel.

Man nennt φ eine räumliche perspektive Affinität (eine räumliche Achsenaffinität) der Ebene ε auf die Ebene π. Die Verbindungsgeraden zugeordneter Punkte heißen Affinitätsstrahlen, die Fixpunktgerade a heißt Affinitätsachse.

4.2. Parallelriss perspektiv affin zugeordneter Ebenen

Die beiden Ebenen ε_1 und ε_2 schneiden sich in a. Wir betrachten die räumliche perspektive Affinität φ von ε_1 auf ε_2 mit der Affinitätsrichtung s und der Affinitätsachse a.

Zeichnen Sie die Punkte Q_2 und R_2 in ε_2.

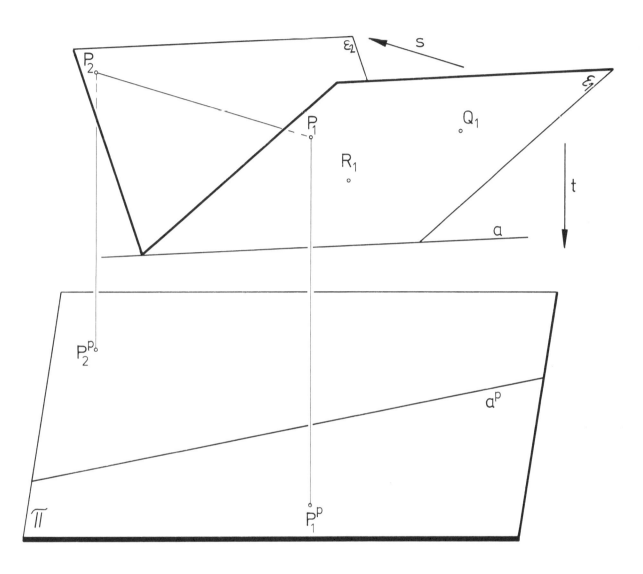

Nun werden die Ebenen ε_1 und ε_2 der Parallelprojektion η mit der Projektionsrichtung t auf die Bildebene π unterworfen.

Zeichnen Sie die Bildpunkte Q_1^p, R_1^p, Q_2^p und R_2^p.

Liegen zwei ebene Figuren räumlich perspektiv affin, so sind ihre Parallelrisse in der Bildebene in einer ebenen perspektiven Affinität (einer Achsenaffinität) einander zugeordnet. Insbesondere sind folgende Eigenschaften erfüllt:
I. Die Verbindungsgeraden zugeordneter Punkte sind parallel.
II. Zugeordnete Geraden schneiden sich entweder auf einer festen Achse a^p oder sie sind parallel und dann auch parallel zu a^p.

4.3. Achsenaffinität – Prisma

Das vorgegebene Achteck ist ein achsenaffines Bild eines regelmäßigen Achtecks. Durch die Achse a und das zugeordnete Punktepaar (A, $\overline{A}$) wird eine andere Achsenaffinität (ebene perspektive Affinität) festgelegt. Unterwerfen Sie das vorgegebene Achteck dieser Achsenaffinität. Deuten Sie danach durch Hervorheben von Kanten die Gesamtfigur als Parallelriss eines prismatischen Vollkörpers, der von zwei sich schneidenden Ebenen geschnitten wird. Dabei sei das von Ihnen konstruierte Achteck vollständig sichtbar.

∘ $\overline{A}$

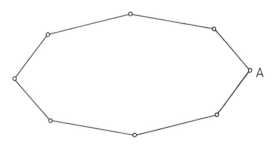
A

a

4.4. Achsenaffinität – Dachgauben

Im Folgenden wird jeweils eine Achsenaffinität (ebene perspektive Affinität) durch ihre Achse und ein Paar zugeordneter Punkte festgelegt. Unterwerfen Sie jeweils das abgebildete Vieleck der Affinität. Deuten Sie die Gesamtfiguren als Parallelrisse von Dachgauben, indem Sie geeignete sichtbare Kanten hervorheben.

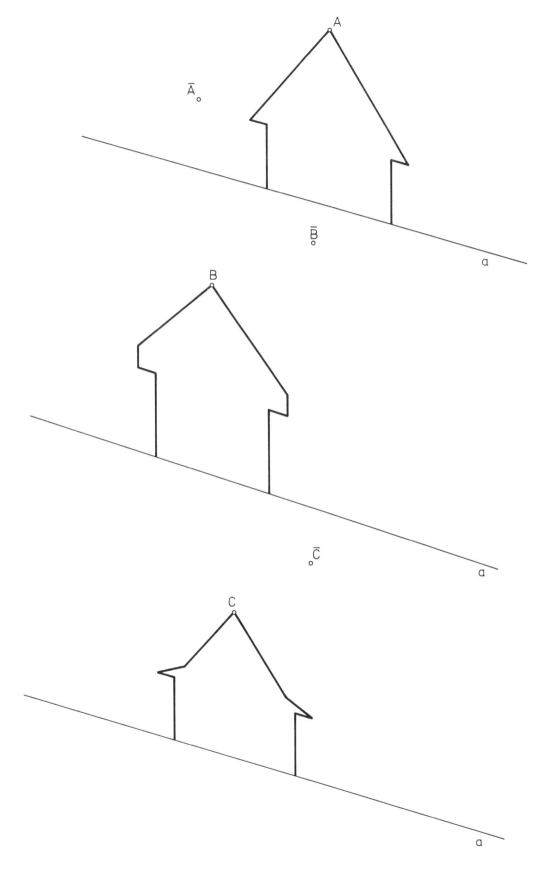

4.5. Scherung, schiefe Achsenspiegelung

Im Folgenden ist eine Achsenaffinität durch ihre Achse a und ein Paar zugeordneter Punke A und $\overline{A}$ festgelegt. Die Verbindungsgerade dieser Punkte ist zur Achse a parallel. Unterwerfen Sie das vorgegebene Vieleck der Achsenaffinität. Deuten Sie die Gesamtfigur als Parallelriss einer Dachgaube.

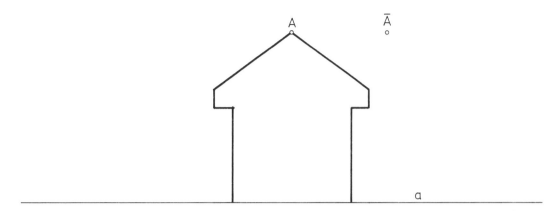

Vorgegeben ist eine Einzelheit eines Fliesenbodens. Ergänzen Sie im zweiten, dritten und vierten Quadranten derart, dass die Gesamtfigur zu beiden Koordinatenachsen symmetrisch ist. Zeichnen Sie nun zum gegebenen Parallelriss der Koordinatenachsen den Riss des „Bodenstückes". Wählen Sie die Achsenverzerrungen $\lambda = 1$ und $\mu = 1$.

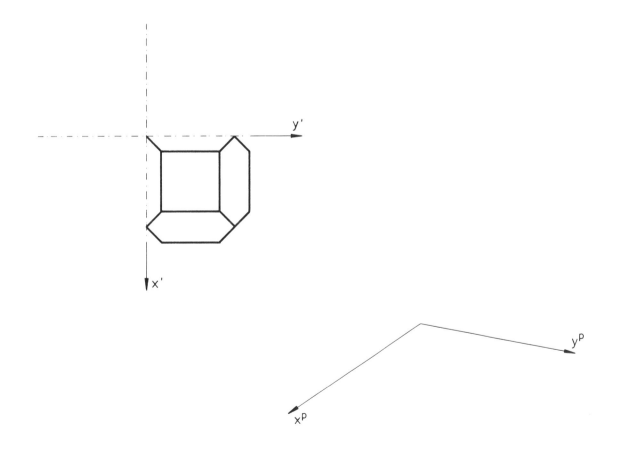

4.6. Schatten einer Treppe

Das Kantenmodell eines Würfels wird so mit parallelem Licht beleuchtet, dass der Lichtstrahl durch den Punkt E auch durch C geht.

Zeichnen Sie den Schatten der Kante $\overline{AE}$, wenn die Grundrissebene den Schatten auffängt.

Zeichnen Sie den Schatten der Kante $\overline{EH}$, wenn die Aufrissebene den Schatten auffängt.

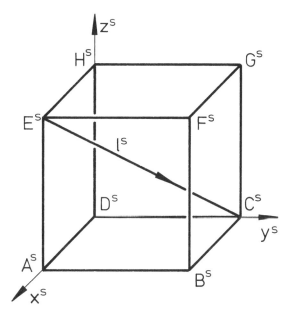

Vorgegeben ist ein Parallelriss eines Terrassenaufgangs. Ermitteln Sie die Schattengrenzen, wenn der Aufgang mit dem oben beschriebenen parallelen Licht beleuchtet wird.

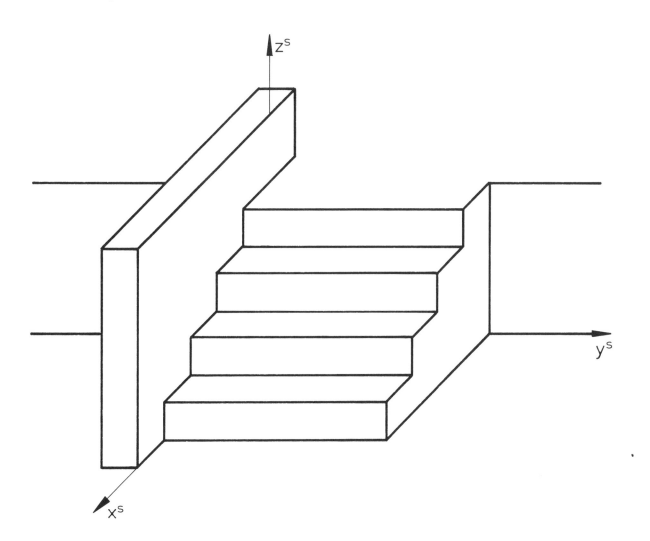

4.7. Quaderschnitte

Im Folgenden sind Parallelrisse zweier Quader gegeben. Auf Quaderkanten liegen jeweils die Punkte 1, 2 und 3. Ermitteln Sie den Parallelriss der Schnittfigur jedes Quaders mit der durch die Punkte 1, 2 und 3 bestimmten Schnittebene.

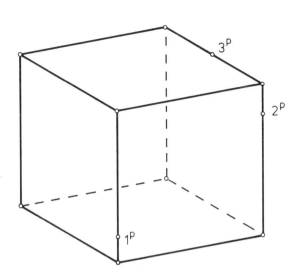

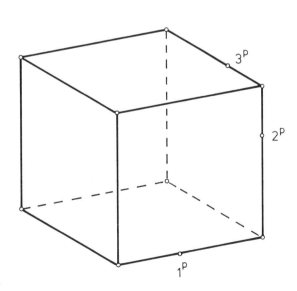

4.8. Paralleldrehen einer Ebene

Zugrunde liegt die Bildebene π. Wir betrachten eine Ebene ε, die π in der Geraden a schneidet. (a ist die Spurgerade von ε.)
Wir unterwerfen die Ebene ε zuerst einer Parallelprojektion auf die Ebene π. Dabei wird P auf P̄ abgebildet.

Geben Sie die Projektionsrichtung s an. Zeichnen Sie die Bildgerade ḡ und die Bildpunkte Ḡ und Q̄.

Nun wird die Ebene ε um die Spurgerade a in die Bildebene π gedreht.

Zeichnen Sie die gedrehte Lage g_0 und zeichnen Sie die Punkte G_0 und P_0.

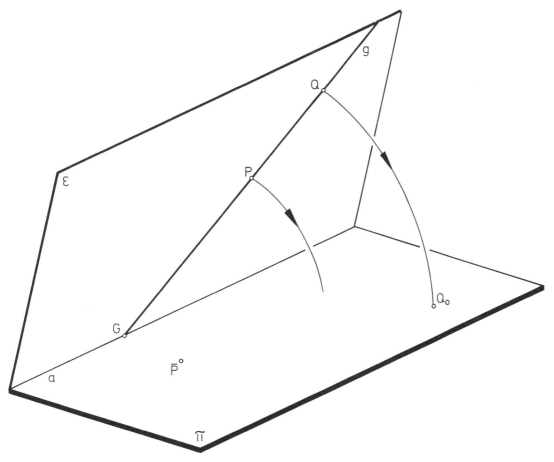

Einerseits wird eine Ebene ε einer Parallelprojektion auf die Bildebene π unterworfen. Dabei hat ein fest herausgegriffener Punkt P den Bildpunkt P̄. Andererseits wird die Ebene ε um ihre Spurgerade a in π hineingedreht. Dabei geht der gleiche Punkt P in den Punkt P_0 über.
Wir betrachten nun die durch die Punktzuordnung $P_0 \mapsto \bar{P}$ festgelegte Abbildung der Menge der Punkte der Bildebene π auf sich. Diese Abbildung ist eine Achsenaffinität (eine ebene perspektive Affinität). Dabei ist die Drehachse (Spurgerade) a die Affinitätsachse; jedes Paar zugeordneter Punkte $(P_0, \bar{P})$ legt die Affinitätsstrahlen fest. Sonderfall: Ist die Parallelprojektion sogar eine Normalprojektion, so sind die Affinitätsstrahlen zur Affinitätsachse a senkrecht. Dann liegt sogar eine normale (eine orthogonale) Achsenaffinität vor.

4.9. Achsenaffinität – Prismenschnitte I

a) Ein regelmäßiges Sechseck ABCDEF liegt in der Ebene ε. ε und die Bildebene π schneiden sich in a und bilden miteinander den Winkel $\varphi = 55°$.

   Vorgegeben ist das Sechseck $A_0B_0C_0D_0E_0F_0$, das man erhält, wenn ε um a in π hinein- gedreht wird. Konstruieren Sie den Normalriss $A^nB^nC^nD^nE^nF^n$ des Sechsecks. Dieser soll im Zeichenblatt oberhalb $a = a^n$ zu liegen kommen.

b) Das Sechseck ABCDEF ist Grundfläche eines schiefen Prismas, dessen 7 cm lange Kanten zu π parallel sind. Angegeben ist der Normalriss k^n einer zu den Kanten parallelen Geraden k. Zeichnen Sie den Normalriss des Prismas. Dabei soll der Punkt A^n sichtbar sein. Stricheln Sie unsichtbare Kanten.

c) Auf der Kante durch D liegt der Punkt G der Deckfläche des Prismas. Das Prisma wird von der Ebene durch A, B und G geschnitten. Konstruieren Sie den Normalriss der Schnittfigur.

Versuchen Sie sich immer wieder Kontrollen auszudenken, um Ihre Zeichengenauigkeit zu überprüfen.

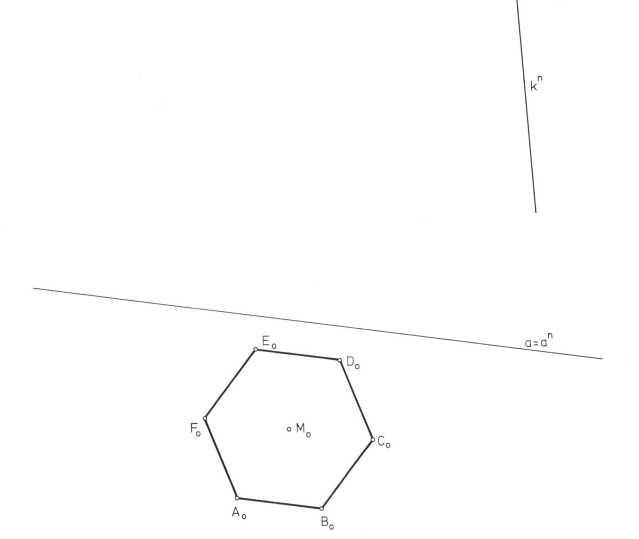

4.10. Achsenaffinität – Prismenschnitte II

a) Ein regelmäßiges Fünfeck ABCDE mit dem Mittelpunkt M liegt in der Ebene α. α schneidet die Bildebene π in der Geraden a und schließt mit π den Winkel $\varphi = 60°$ ein. Das Fünfeck liegt vor der Bildebene. Konstruieren Sie den Normalriss $A^n B^n C^n D^n E^n$ des Fünfecks auf die Bildebene π. Dieser soll im Zeichenblatt oberhalb $a = a^n$ zu liegen kommen.

b) Das Fünfeck ABCDE ist Grundfläche eines schiefen offenen Prismas, dessen 8 cm lange Kanten parallel zu π sind und mit a einen Winkel von 75° bilden. Zeichnen Sie den Normalriss des Prismas. Stricheln Sie unsichtbare Kanten. Die Bilder der fünf parallelen Kanten sollen im Zeichenblatt „von unten nach rechts oben verlaufen".

c) Die Ebene β schneidet α in der Geraden s und das Prisma in der Figur $\overline{ABCDE}$. Der Mittelpunkt der Grundfläche ist mit M bezeichnet, bezeichnen Sie den Mittelpunkt der Deckfläche mit N. β schneidet $\overline{MN}$ in $\overline{M}$ mit $\overline{MM} = 3{,}5$ cm.

d) Ermitteln Sie die wahre Größe des Schnittwinkels ω der Geraden a und s.

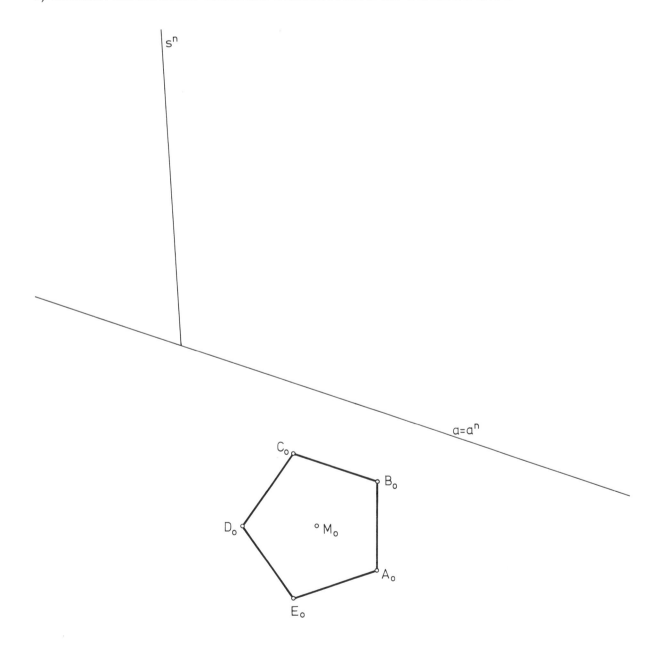

4.11. Achsenaffinität – Rechte Winkel

a) Ein vierseitiges Prisma schneidet die Bildebene π in einem Parallelogramm. Die Prismenerzeugenden stehen senkrecht zur Bildebene. Vorgegeben ist der Normalriss des Prismas. Wir betrachten die Gesamtheit der Ebenen, welche die Bildebene π in der Spurgeraden a schneiden. Zeigen Sie, dass genau zwei dieser Ebenen das Prisma derart schneiden, dass die Schnittfigur ein Rechteck ist. Welche Winkel schließen diese Ebenen mit der Bildebene ein?

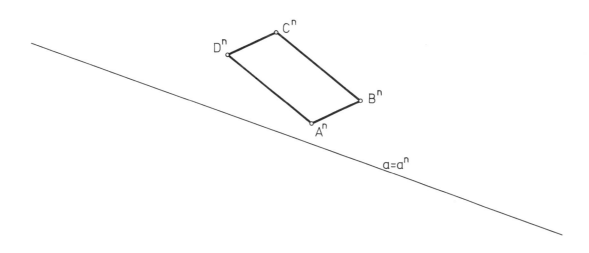

b) Gegeben ist das Parallelogramm ABCD. Ermitteln Sie eine Achsenaffinität mit der Achse a, die dieses Parallelogramm auf ein Quadrat abbildet. Konstruieren Sie das Quadrat, welches auf dem Zeichenblatt unterhalb von a liegt.

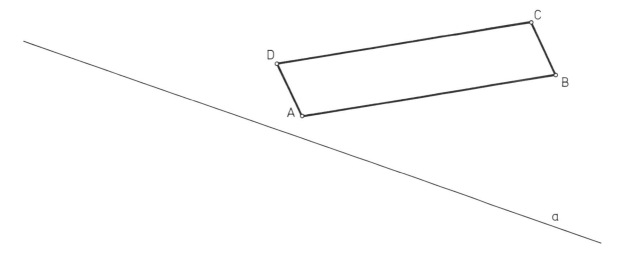

4.12. Invariantes Rechtwinkelpaar

Im Folgenden wird dreimal eine Achsenaffinität jeweils durch die Vorgabe der Achse a und eines Paares zugeordneter Punkte (P, $\overline{P}$) festgelegt.

Ermitteln Sie jeweils alle Paare zueinander senkrechter Geraden durch P, welche auf zueinander senkrechte Geraden durch $\overline{P}$ abgebildet werden (alle invarianten Rechtwinkelpaare mit den Scheiteln P und $\overline{P}$).

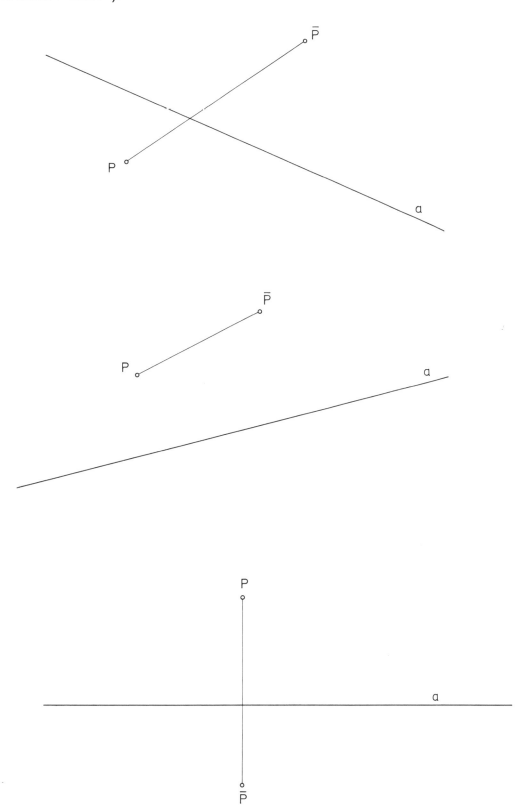

5.1. Ellipse als orthogonal-affines Bild des Hauptkreises I

Gegeben werden im Folgenden durch Grund- und Aufriss a) ein Würfel, b) ein senkrechter Kreiszylinder, c) ein senkrechter Kreiskegel, d) ein schiefer Kreiskegel.

Zeichnen Sie jeweils in den gegebenen Parallelriss der Koordinatenachsen das Bild des nebenstehenden Körpers. Wählen Sie dabei die Achseneinheiten $e_x = 0{,}5\,e$, $e_y = e_z = e$. e bezeichnet die Länge der räumlichen Einheitsstrecke. Unsichtbare Kanten oder Umrisse sind zu stricheln.

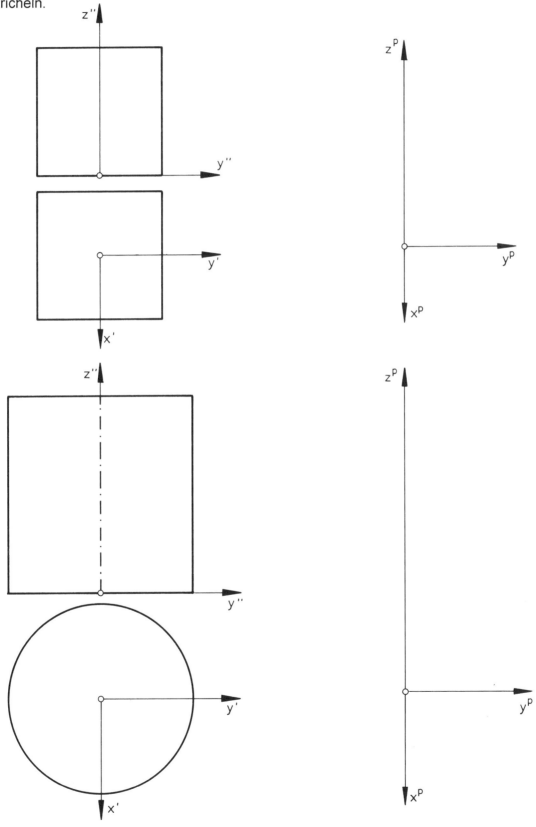

5.2. Ellipse als orthogonal-affines Bild des Hauptkreises II

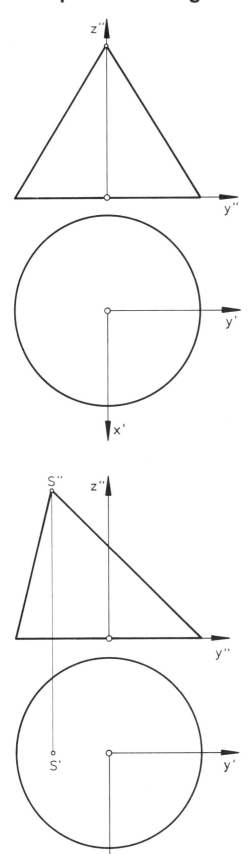

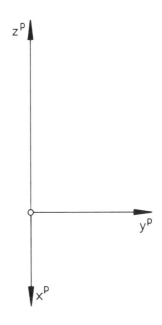

5.3. Kreisabbildung (ohne die Konstruktion von RYTZ)

Bei einer affinen Abbildung mit der Achse a wird der Halbkreismittelpunkt M auf $\overline{M}$ abgebildet. ($M\overline{M}$ ist zu a parallel). Konstruieren Sie das Bild der vorgegebenen Figur. Ermitteln Sie insbesondere die Scheitel des Bildes des Halbkreises. Deuten Sie die Gesamtfigur als Parallelriss einer Dachgaube, indem Sie sichtbare Umrisse hervorheben.

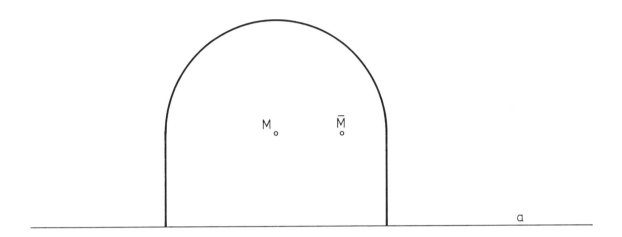

Nebenstehend findet man Grund- und Aufriss eines Maschinenteils. Dabei handelt es sich um Verkleinerungen im Maßstab 1 : 3. Zeichnen Sie das axonometrische Bild des nicht verkleinerten Objektes. Verwenden Sie dabei $e_x = 0{,}5\,e$, $e_y = e_z = e$.

Konstruieren Sie vom Bild des Kreises k acht Punkte und in diesen die Tangenten (acht Linienelemente). Skizzieren Sie mit deren Hilfe die Bildellipse.

5.4. RYTZsche Achsenkonstruktion, Scheitelkrümmungskreise

Gegeben sind zwei konjugierte Ellipsendurchmesser.
Konstruieren Sie mit Hilfe der RYTZschen Achsenkonstruktion die Achsen und die Scheitel der zugehörigen Ellipse.

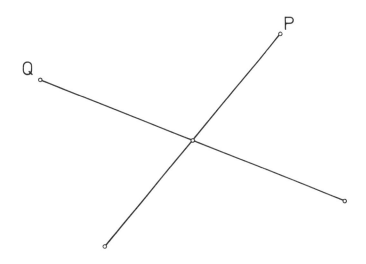

Von einer Ellipse sind die Scheitel bekannt.
Konstruieren Sie die Scheitelkrümmungskreise.

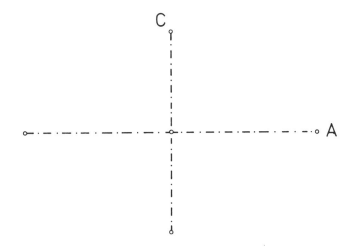

5.5. Kreisabbildung – Kegel

Ein Parallelriss der Koordinatenachsen ist zweimal gegeben. Dabei sei $e = 1$ cm, $e_x = \frac{1}{2}e$, $e_y = \frac{2}{3}e$, $e_z = e_x$.

In der xy-Ebene liegt der Kreis k mit Mittelpunkt M (0/0/0) und Radius r. Zeichnen Sie im oberen Bild die Scheitel und die Scheitelkrümmungskreise seiner Bildellipse.

Der Kreis k ist Leitkurve des Kegels mit der Spitze S (0/0/12). Zeichnen Sie im unteren Bild den Parallelriss dieses Kegels. Konstruieren Sie dort auch die Risse der Konturerzeugenden mit Berührpunkten.

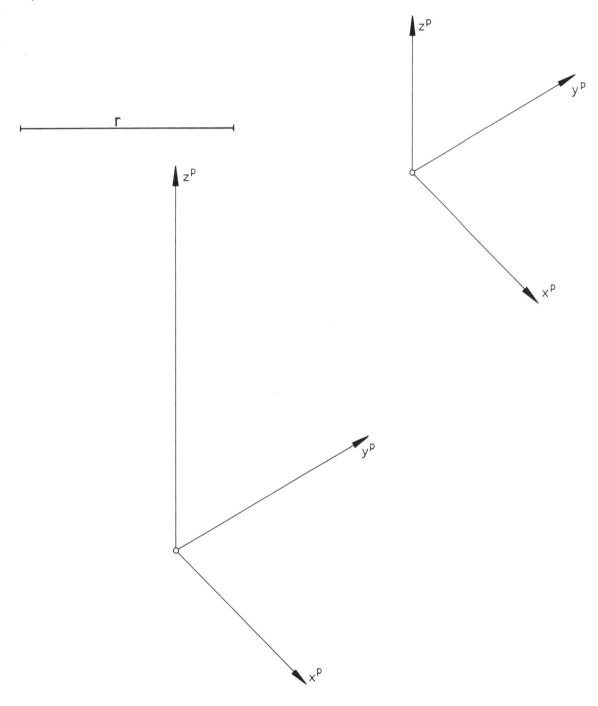

5.6. Kreisabbildung – Kinderbauklotz

Im Folgenden ist ein Kinderbauklotz durch Grund- und Aufriss im Maßstab 1 : 2 gegeben. Zeichnen Sie zum angegebenen Riss der Koordinatenachsen das axonometrische Bild des Klotzes in wahrer Größe. Wählen Sie dabei $e_x = e_z = e$, $e_y = 0{,}75\,e$. Unsichtbare Kanten sind wegzulassen.

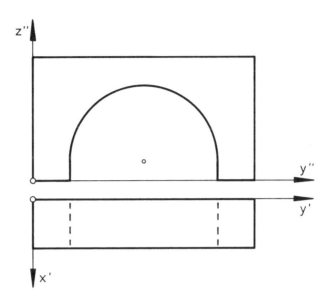

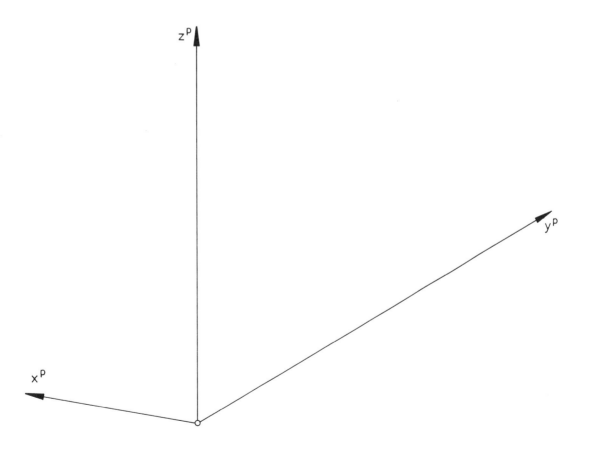

5.7. Ebene Schnitte eines Kreiszylinders

Ein Zylinder wird von der Bildebene π in der Ellipse k und von der Ebene ε in der Ellipse $\bar{k}$ geschnitten. π und ε schneiden sich in a und schließen den Winkel $\varphi = 48°$ ein (vgl. die nicht maßstäbliche Skizze).

Der Normalriss von $\bar{k}$ auf π ist der Kreis $\bar{k}^n$ um $\bar{M}^n$ mit dem Radius 2,6 cm. Ermitteln Sie die wahre Gestalt von $\bar{k}$.

$M = M^n$ ist Mittelpunkt von $k = k^n$. Ermitteln Sie die Scheitel von k^n. Konstruieren Sie den Normalriss des Zylinders. Konstruieren Sie auch die Bilder der Konturerzeugenden und ihre Berührpunkte.

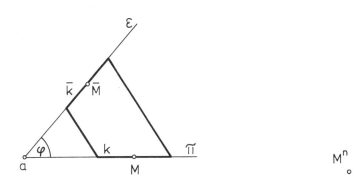

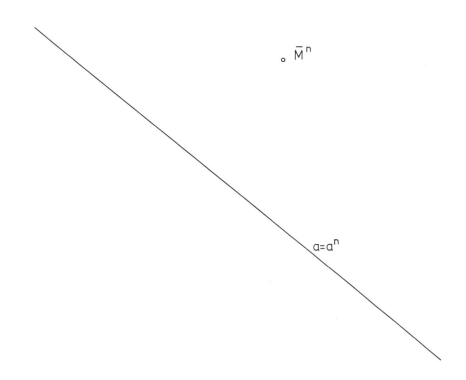

5.8. Schatten einer Kreisscheibe

Vorgegeben sind zwei Parallelrisse eines Koordinatensystems. Wählen Sie $e_x = 0{,}75\ e$; $e_y = e_z = e = 1\,cm$.

Zeichnen Sie ins erste Bild den Riss des Kantenmodells eines Würfels, der im ersten Oktanten liegt und die Kante $\overline{AE}$ besitzt. A ist der Ursprung des Koordinatensystems. Es fällt paralleles Licht ein. Der Lichtstrahl durch E schneidet die xy-Ebene in $\overline{E}$. Konstruieren Sie den Schatten des Würfels, den die xy-Ebene auffängt.

Zeichnen Sie in den zweiten Riss zunächst das Bild des Kreises der yz-Ebene, der den Radius 4,2 cm und den Mittelpunkt M (0/0/4,2) besitzt. Konstruieren Sie den Schatten der Kreisscheibe bei obigem Lichteinfall.

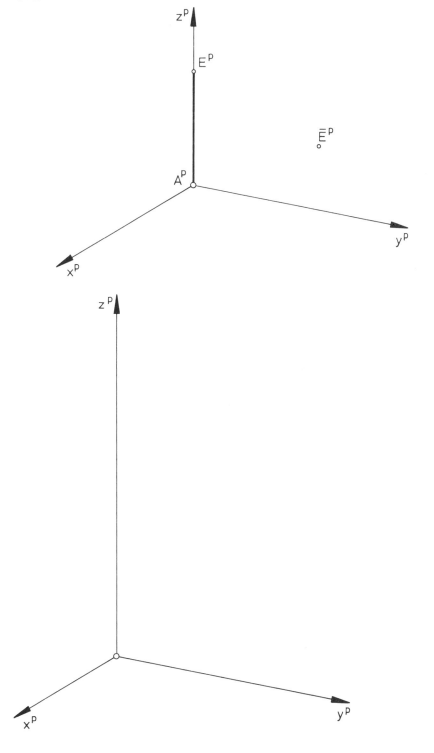

5.9. Normale Axonometrie – Kugelgroßkreise

Gegeben ist der Normalriss der Achsen eines Koordinatensystems. Die x-Achse hat den Spurpunkt X. Zeichnen Sie die Normalrisse derjenigen Kreise mit dem gemeinsamen Mittelpunkt M (0/0/0), welche in der xy-Ebene, der yz-Ebene bzw. der xz-Ebene liegen und den Radius 6,2 cm haben. Zeichnen Sie auch den Normalriss der Kugel mit dem Mittelpunkt M (0/0/0) und dem Radius 6,2 cm.

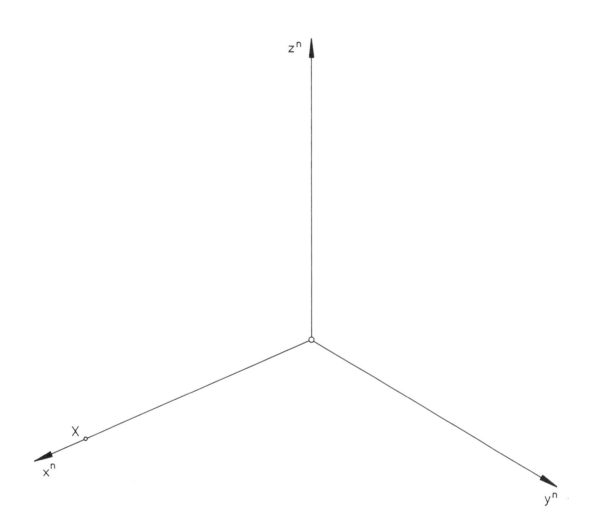

5.10. Normale Axonometrie – Dachrinnenendstück

Das Endstück einer Dachrinne ist durch Grund- und Aufriss im Maßstab 1 : 6 vorgegeben. Die Dachrinne ist am Ende des längeren Teilstücks offen, am anderen durch eine halbkreisförmige Scheibe geschlossen.

Ermitteln Sie zunächst im kleineren Riss der Koordinatenachsen die Achsenverzerrungen; wählen Sie dabei eine räumliche Strecke der Länge e = 3 cm. Konstruieren Sie nun den Normalriss eines im Maßstab 1 : 2 verkleinerten Modells des Dachrinnenendstücks.

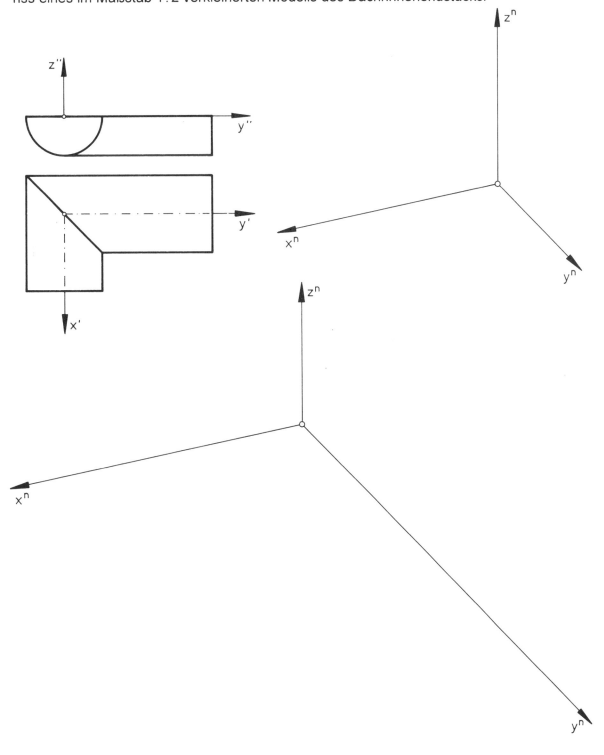

6.1. Parallelprojektion – zugeordnete Normalrisse

Gegeben sind der Parallelriss einer Geraden g samt dem Parallelriss des Grundrisses g′ von g. Zeichnen Sie den Parallelriss des Aufrisses g″ von g. Es sei $e_x = 0{,}5\,e$, $e_y = e_z = e$. Zeichnen Sie die zugeordneten Normalrisse von g. Tragen Sie jeweils auch das Bild des Punktes P von g ein.

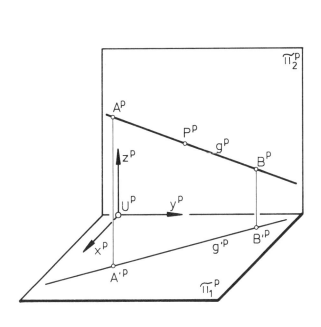

Gegeben sind zugeordnete Normalrisse (Grund- und Aufriss in zugeordneter Lage) einer Geraden h. Zeichnen Sie die Parallelrisse von h, von h′ und von h″. Wählen Sie $e_x = 0{,}5\,e$, $e_y = e_z = e$.

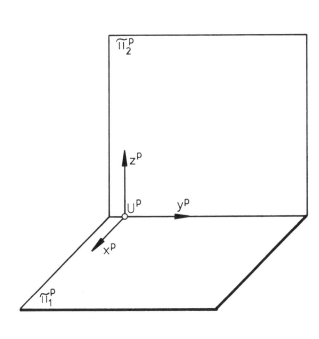
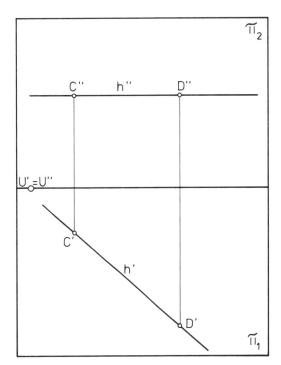

6.2. Darstellung von Geraden

Vorgegeben sind jeweils zwei Punkte. Zeichnen Sie den Grund- und Aufriss ihrer Verbindungs-geraden (Längeneinheit 1 cm).

a) A (2/–1/2,5), B (–1/5/1)

b) C (0/2/2), D (1/5/1)

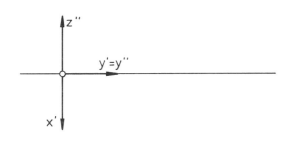

c) E (2/2/1), F (1/5/1)

d) G (1,5/2/0), H (1,5/6/2)

e) K (1/3/1), L (1/3/2)

f) M (1/4/1), N (2,5/4/1)

6.3. Zweitafelprojektion – Grundbegriffe

Gegeben sind der Grundriss des Modells eines Hauses mit Walmdach sowie der Aufriss einer der vier Dachflächen.

a) Ergänzen Sie den Aufriss. Unsichtbare Kanten sind zu stricheln.

b) Wir betrachten die Gerade g = AC. Zeichnen Sie von g den 1. Spurpunkt G_1 (den Schnittpunkt von g mit der Grundrissebene) und den 2. Spurpunkt G_2 (den Schnittpunkt von g mit der Aufrissebene).

c) Durch A, B und C ist die Ebene ε festgelegt. Zeichnen Sie von ε die 1. Spurgerade e_1 (die Schnittgerade von ε mit der Grundrissebene) und die 2. Spurgerade e_2 (die Schnittgerade von ε mit der Aufrissebene).
Zeichnen Sie von ε die 1. Hauptlinie h_1 durch A (diejenige zur Grundrissebene parallele Gerade, welche in ε liegt und durch A geht) und auch die 2. Hauptlinie h_2 von ε durch A (die zur Aufrissebene parallele Gerade, welche in ε liegt und durch A geht).

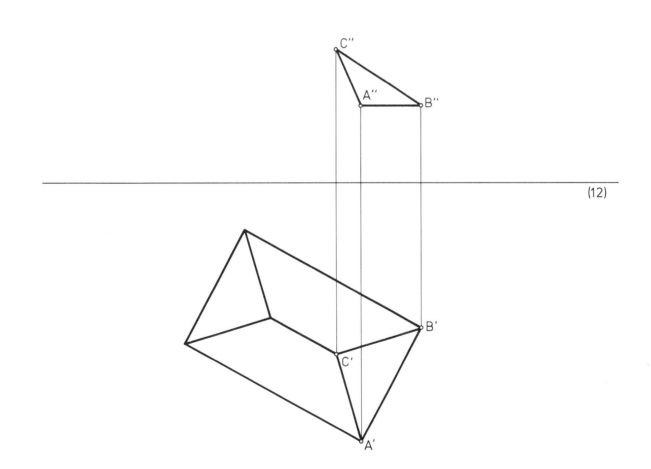

(12)

6.4. Hauptlinien

Gegeben sind der Punkt B und die Gerade g. B ist Eckpunkt eines Parallelogramms, dessen Seiten entweder erste oder zweite Hauptlinien sind. g trägt eine Diagonale dieses Parallelogramms.

Konstruieren Sie Grund- und Aufriss des Parallelogramms und ermitteln Sie die Längen seiner Seiten.

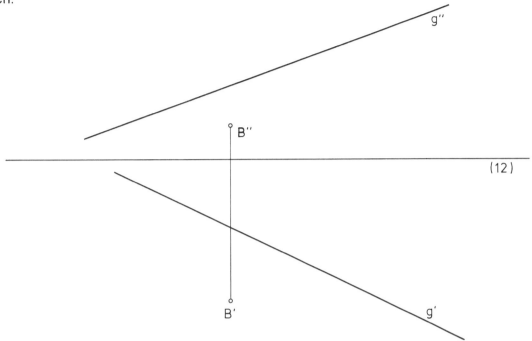

Die Gerade l und der Punkt P bestimmen die Ebene ε. In ε liegt ein Rechteck, dessen eine Diagonale auf l liegt, von dem P ein Eckpunkt ist und bei dem eine Seite die zweite Hauptlinie von ε durch P ist.

Konstruieren Sie den Grund- und den Aufriss des Rechtecks.

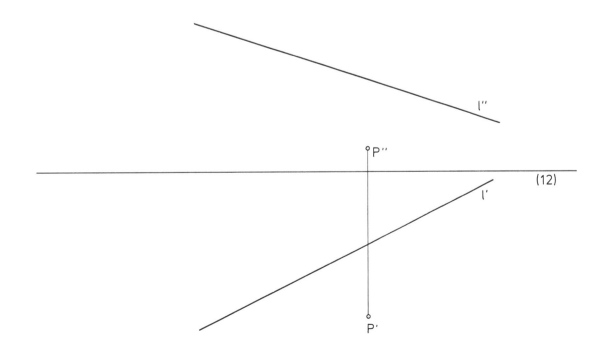

6.5. Lageaufgaben I

a) Zeigen Sie, dass die Geraden a und b windschief sind und verdeutlichen Sie die Sichtbarkeit an den „Überdeckungsstellen" (Deckpunkten).

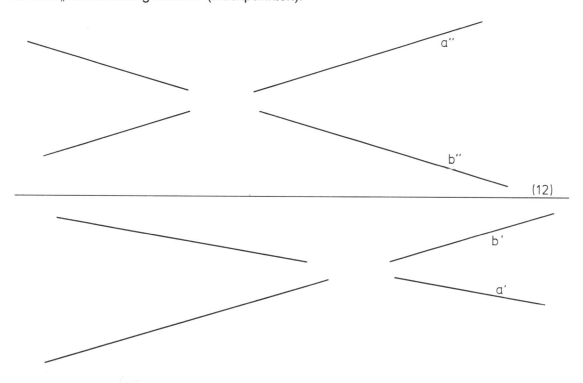

b) Die sich schneidenden Geraden a und b bestimmen die Ebene ε. In ε liegen die Gerade g und der Punkt P.
Konstruieren Sie den Aufriss g″ von g und den Grundriss P′ von P.

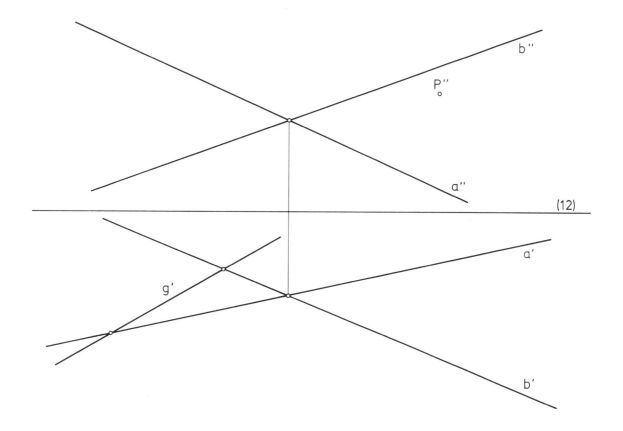

6.6. Lageaufgaben II

c) Gegeben sind die Gerade g und der Punkt P. g und P bestimmen die Ebene ε.
Konstruieren Sie die Hauptlinien von ε durch den Punkt P.

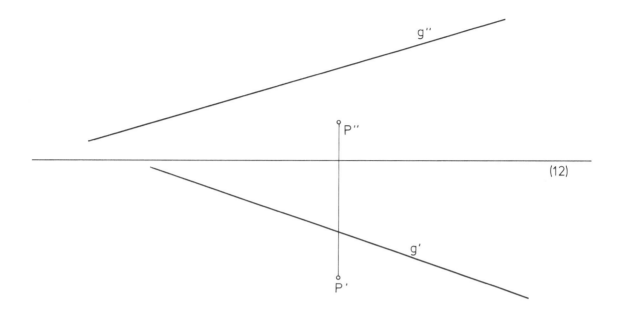

d) Die sich schneidenden Geraden a und b bestimmen die Ebene ε.
Konstruieren Sie den Schnittpunkt S der Geraden g mit ε.

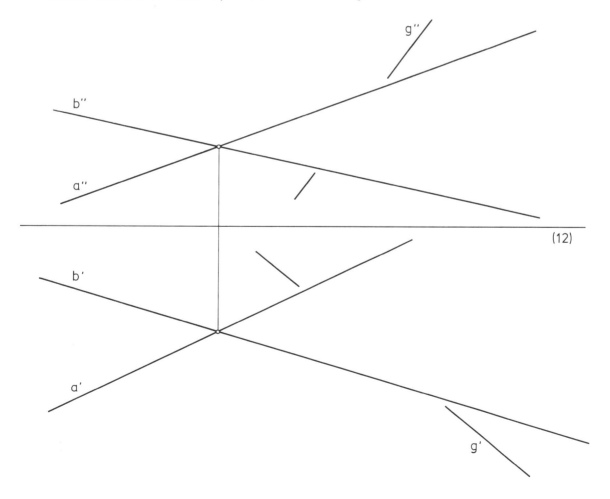

6.7. Schnittgerade zweier Ebenen

Gegeben sind Grund- und Aufriss des Dreiecks ABC und des Dreiecks PQR. Ermitteln Sie die Schnittgerade s der beiden Dreiecksebenen.

Sehen Sie die beiden Dreiecke als „materielle Dreiecke" an. Schraffieren Sie den sichtbaren Teil des Dreiecks PQR im Grund- und Aufriss.

6.8. Verschneidung eines Dreiecks mit einem Parallelogramm

Das Dreieck ABC schneidet das Parallelogramm DEFG. Zeichnen Sie die Gesamtfigur in beiden Rissen.

G''

C''

F''

D''

E''   B''

A''

F'

A'

G'

B'

C'   E'

D'

6.9. Wahre Länge – Pyramide

Gegeben ist der Grundriss einer schiefen Pyramide mit rechteckiger Grundfläche ABCD. Die Grundfläche liegt in der Grundrissebene π_1. Die Pyramide hat die Höhe 7 cm. (A´S´ ist zur Rissachse parallel und S´ ist Mittelpunkt von $\overline{C´D´}$.)

a) Zeichnen Sie den Aufriss der Pyramide. Unsichtbare Kanten sind zu stricheln.

b) Ermitteln Sie die wahre Länge der vier Seitenkanten sowie die Winkel zwischen den Seitenkanten und der Grundfläche.

c) Eine zur Grundfläche parallele Ebene ε soll die Pyramide so schneiden, dass für den Schnittpunkt G auf der Kante $\overline{SC}$ gilt: $\overline{SG}$ = 3 cm. Zeichnen Sie den Grund- und den Aufriss der Schnittlinie.

(12)

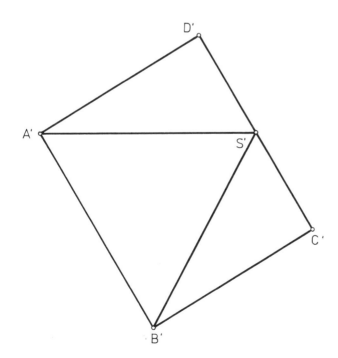

6.10. Kraftzerlegung

Die Kraft $\vec{F}$ ist in drei Komponenten in Richtung der Geraden a, b und c zu zerlegen. Ermitteln Sie auch die Größen dieser Komponenten (1 cm ≙ 1 N).

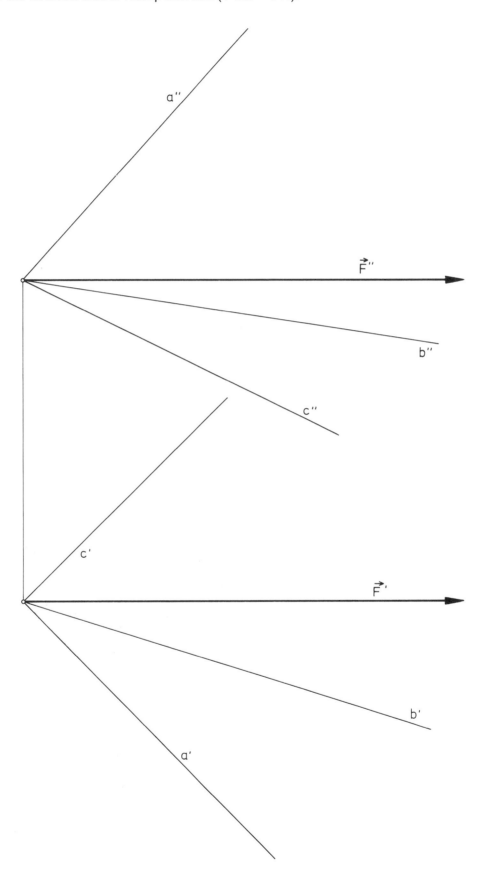

6.11. Einführung eines neuen Seitenrisses – Umprojektion

Wir wählen eine neue Bildebene π_l senkrecht zu einer alten Bildebene π_k. Die Schnittgerade ist die neue Rissachse (kl).

In der ersten Skizze ist die neue Bildebene π_3 senkrecht zur alten Bildebene π_1. Der Aufriss P'' ist der „wegfallende Riss" des Punktes P, sein Seitenriss P''' der „neue Riss". Die (12)-Achse ist die „wegfallende", die (13)-Achse die „neue Rissachse".

Zeichnen Sie jeweils P'''.

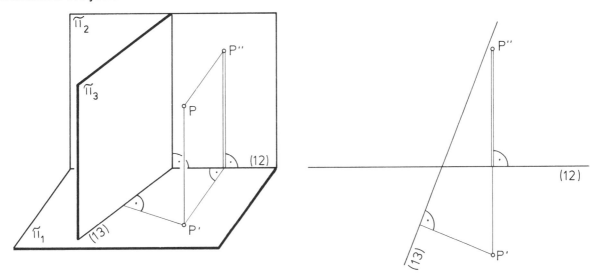

In der folgenden räumlichen Skizze ist die neue Bildebene π_4 senkrecht zur alten Bildebene π_2. Jetzt ist der Grundriss P' der „wegfallende Riss" und der Seitenriss P^{IV} der „neue Riss" des Punktes P. Nun heißt die (12)-Achse die „wegfallende" und die (24)-Achse die „neue Rissachse".

Zeichnen Sie jeweils P^{IV}.

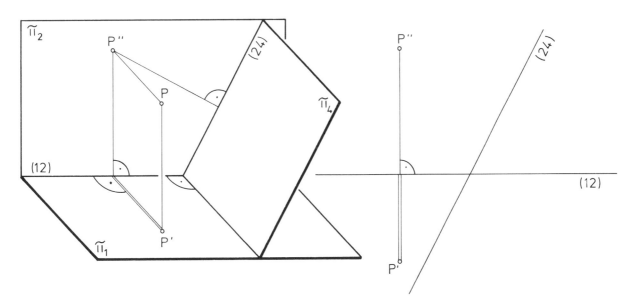

Der Abstand des neuen Risses von der neuen Rissachse ist gleich dem Abstand des wegfallenden Risses von der wegfallenden Rissachse.

6.12. Kette von Normalrissen

Eine unten offene Pyramide ist durch Grund- und Aufriss gegeben.
Zeichnen Sie zu den vorgegebenen Rissachsen eine Kette von Normalrissen der Pyramide.
Unsichtbare Kanten sind zu stricheln.

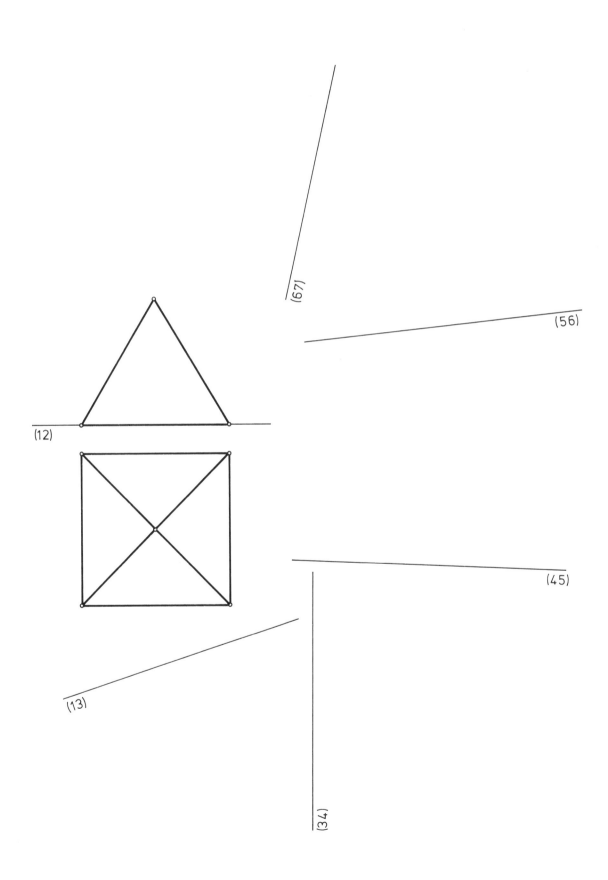

6.13. Seitenriss einer Gittereinzelheit

Von einer Einzelheit eines schmiedeeisernen Gitters sind Grund- und Aufriss gegeben. Zeichnen Sie zu der vorgegebenen neuen Rissachse den Seitenriss dieses Objekts.

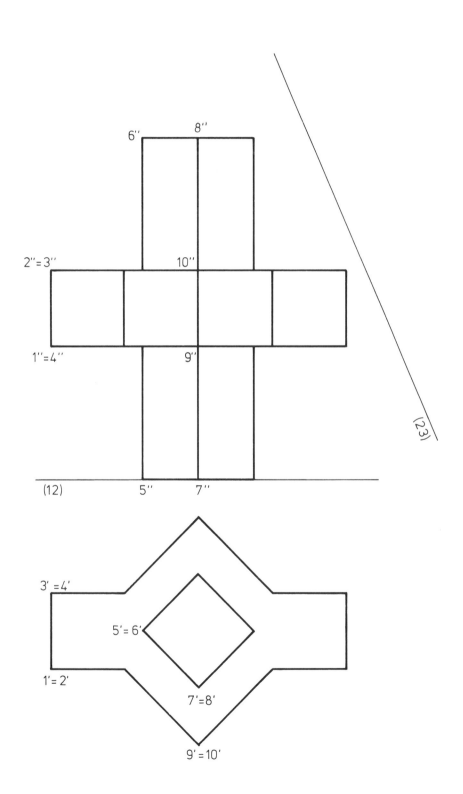

6.14. Anschauliches Bild eines unbekannten Objekts

Von einem unbekannten Objekt sind Grund- und Aufriss vorgegeben. Zeichnen Sie die durch die Punkte 1´´´ und 1^{IV} festgelegten Seitenrisse. Verwenden Sie dabei eine (23)- und eine (34)-Achse. Unsichtbare Kanten sind zu stricheln. Ergibt sich ein eindeutiges Objekt?

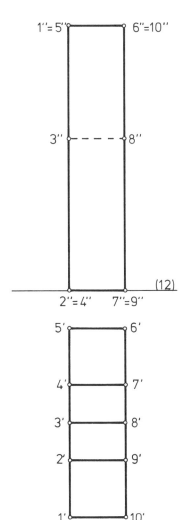

6.15. Neue Seitenrisse – Würfel

a) Zeichnen Sie zu den angegebenen neuen Rissachsen und den angedeuteten dazugehörenden neuen Bildebenen die Normalrisse des Würfels, dessen Grund- und Aufriss vorgegeben sind.

b) Konstruieren Sie den Grund- und Aufriss eines Pfeiles beliebiger Länge, der im 4. Normalriss projizierend ist und auf den Punkt B hinweist.

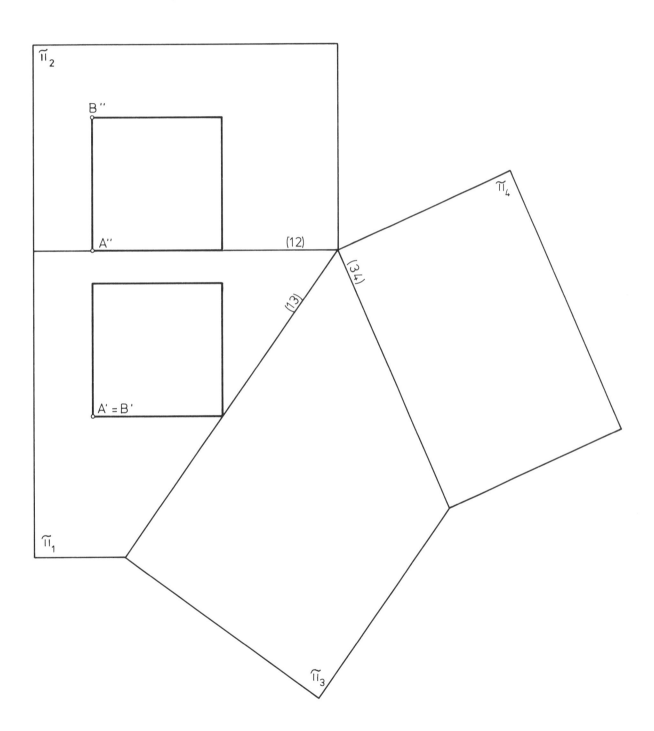

6.16. Seitenriss zu vorgegebener Blickrichtung

Das Modell eines Hauses ist durch Grund- und Aufriss gegeben. Weiter ist die Blickrichtung (Projektionsrichtung) s vorgegeben. Konstruieren Sie durch Einführen zweier geeigneter Seitenrisse schließlich den Normalriss des Hauses zur vorgegebenen Projektionsrichtung s.

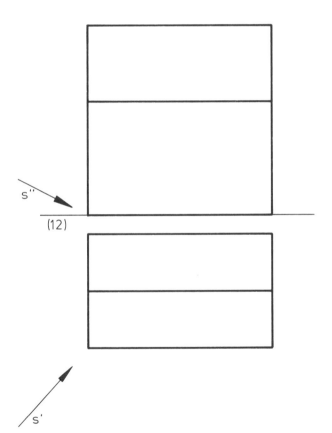

6.17. Spezielle Seitenrisse

Die Gerade g ist durch Grund- und Aufriss gegeben. Führen Sie eine neue Rissachse (13) so ein, dass g eine Hauptlinie bezüglich der neuen Bildebene π_3 ist.

Auf g liegen die Punkte A und B. Bestimmen Sie die wahre Länge der Strecke $\overline{AB}$. Ermitteln Sie den Punkt C im Innern der Strecke $\overline{AB}$, der von A die Entfernung 3 cm hat.

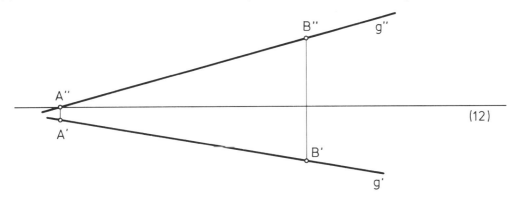

Führen Sie neue Rissachsen so ein, dass schließlich eine neue Rissebene zur Geraden g senkrecht steht (ein neuer Riss von g projizierend ist).

Ermitteln Sie den Abstand d des Punktes P von g und den Lotfußpunkt F des Lotes von P auf g.

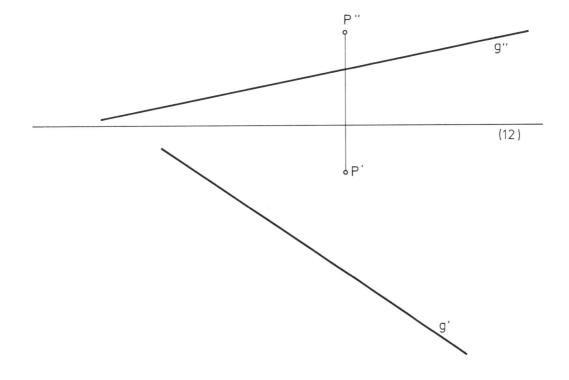

6.18. Abstand windschiefer Geraden

Die Geraden a und b sind Achsen zweier Röhren. Ergänzen Sie den Aufriss. Machen Sie durch doppelte Umprojektion a projizierend. Die Rissachse (34) soll durch den Zeichenhilfspunkt T gehen. Messen Sie den Abstand der Achsen a und b.

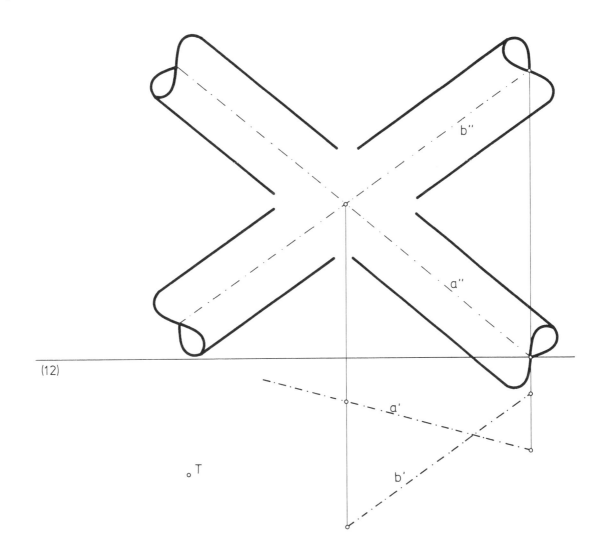

6.19. Abstand eines Punktes von einer Ebene

Die Ebene ε enthält die Punkte A, B und C. Ermitteln Sie das Lot l von P auf diese Ebene ε. Bestimmen Sie auch den Lotfußpunkt F und die Länge dieses Lotes. Verwenden Sie dazu einen geeigneten Riss, wobei die neue Rissachse (13) durch den Punkt A′ gehen soll.

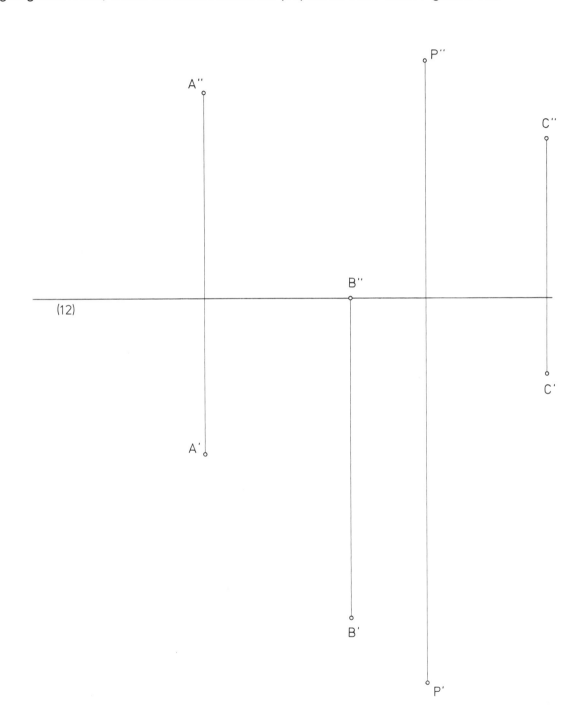

6.20. Spiegelung eines Lichtstrahls

Der Lichtstrahl s trifft im Punkt P die durch g gehende spiegelnde Ebene ε. Konstruieren Sie den an ε reflektierten Strahl s̄. Studieren Sie vorher die unten angegebene nicht maßstäbliche Skizze einer Spiegelung. Versuchen Sie, ohne neuen Seitenriss auszukommen.

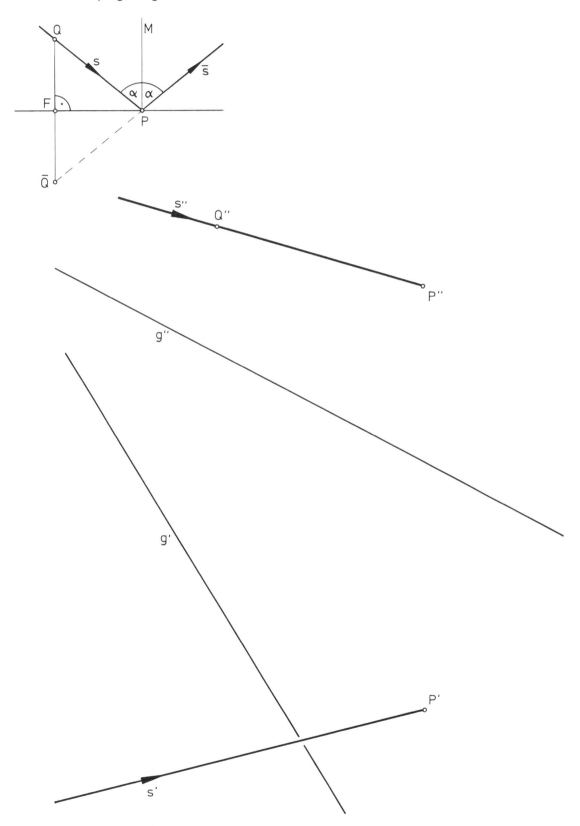

6.21. Wahre Gestalt eines Dreiecks

Das Dreieck ABC liegt in der Ebene ε. Machen Sie die Ebene ε zunächst projizierend. Dabei soll die neue Rissachse (13) durch den Punkt A′ gehen. Ermitteln Sie mit Hilfe eines vierten Risses die wahre Gestalt des Dreiecks. Konstruieren Sie den Grund- und den Aufriss der Dreieckshöhen h_a und h_b.

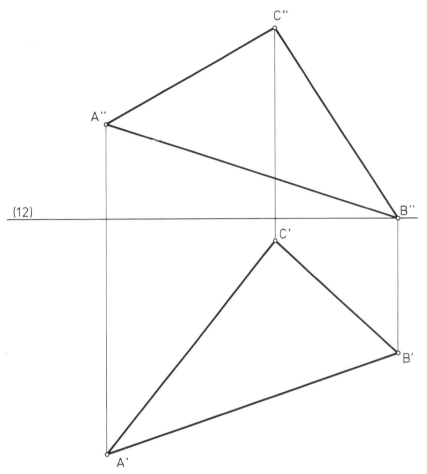

6.22. Paralleldrehen einer Ebene

Die Ebene ε enthält das Dreieck ABC. Drehen Sie das Dreieck ABC derart um die erste Hauptlinie h_1 von ε durch B, dass das gedrehte Dreieck $A_0B_0C_0$ parallel zur Grundrissebene ist. Zeichnen Sie den Grundriss der gedrehten Lage.

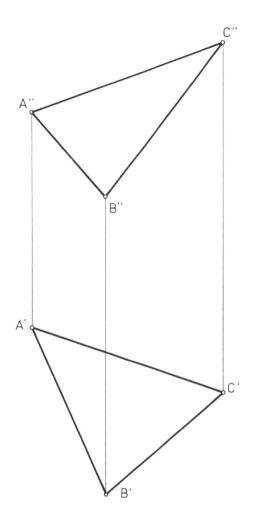

7.1. Paralleldrehen – regelmäßiges Achteck

Die Ebene ε ist zweitprojizierend. In ε liegt das regelmäßige Achteck ABCDEFGH. $\overline{AF}$ liegt auf einer ersten Hauptlinie h_1 von ε. $\overline{AE}$ ist ein Durchmesser des Umkreises des regelmäßigen Achtecks.

Bringen Sie die Ebene ε durch Drehen um h_1 in erste Hauptlage. Dabei geht E in E_0 über. Zeichnen Sie sowohl den Grund- und Aufriss des Achtecks $A_0B_0C_0D_0E_0F_0G_0H_0$ als auch des Achtecks ABCDEFGH.

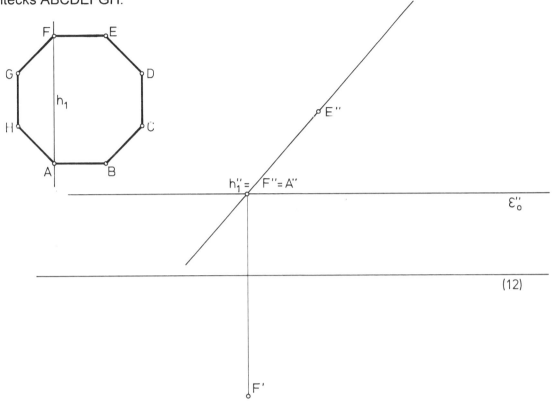

7.2. Kreise in projizierenden Ebenen

Der Kreis k liegt in der zweitprojizierenden Ebene ε. k hat den Mittelpunkt M und den Radius a = 4,8 cm.

Drehen Sie die Kreisebene um ihre erste Hauptlinie durch M in parallele Lage zur Grundrissebene. Zeichnen Sie Grund- und Aufriss des ursprünglichen und des gedrehten Kreises.

Beweisen Sie rechnerisch, dass der Grundriss von k eine Ellipse ist. Führen Sie dazu in der Grundrissebene ein geeignetes Koordinatensystem ein.

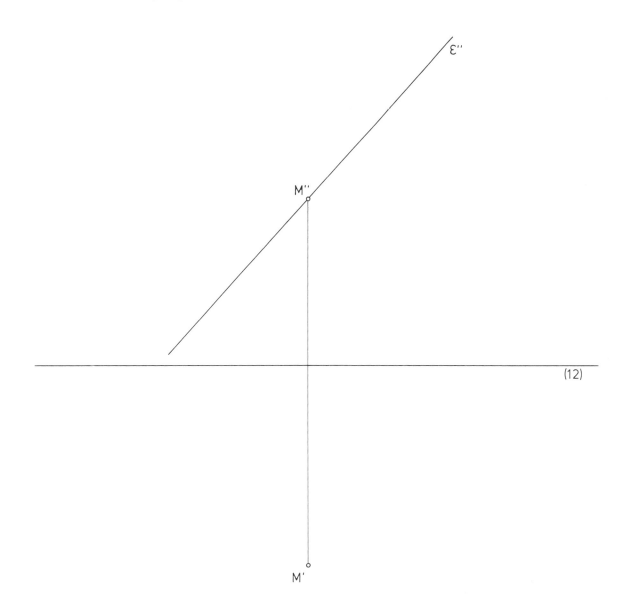

7.3. Schatten einer Kugel

Auf eine Kugel fällt paralleles Licht. Vorgegeben sind der Mittelpunkt M der Kugel, der Radius r der Kugel und die Lichtrichtung l.

Konstruieren Sie die Eigenschattengrenze der Kugel. Ermitteln Sie die Schlagschattengrenze des Schattens der Kugel, welcher von der Grundrissebene aufgefangen werden kann. Unsichtbare Schattengrenzen sind zu stricheln.

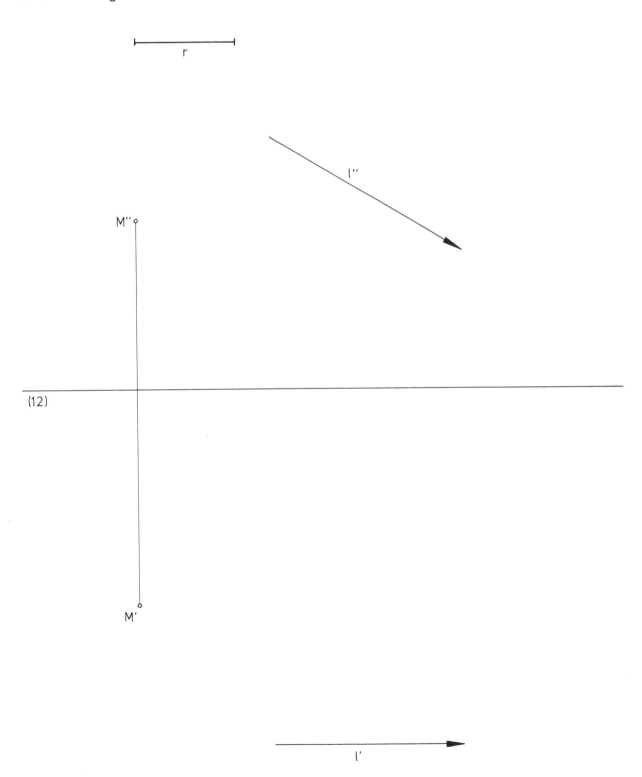

7.4. Kreiskegel und Kreiszylinder – Garnspule

Eine Garnspule liegt auf der Grundrissebene. Vorgegeben ist ihr Grundriss.
Konstruieren Sie den Aufriss dieses Drehkörpers. Ermitteln Sie insbesondere die Aufrisse der
Konturerzeugenden samt deren Berührpunkten. Unsichtbare Umrisse sind zu stricheln.

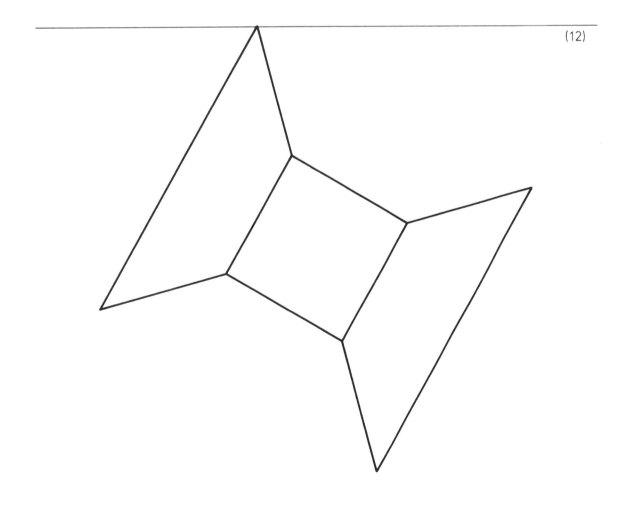

(12)

7.5. Kreisabbildung – Kreis in allgemeiner Lage

Von der Ebene ε sind ein Punkt M und ihre Hauptlinien durch M gegeben.
Konstruieren Sie den Grund- und den Aufriss des Kreises k der Ebene ε mit dem Mittelpunkt M und dem Radius r. Verwenden Sie zur Ermittlung der Nebenscheitel der Grundrissellipse k´ einen Seitenriss. Dabei soll die neue Rissachse (13) durch den Hilfspunkt T des Zeichenblattes gehen. Versuchen Sie, die Nebenscheitel der Aufrissellipse k´´ ohne neuen Seitenriss zu gewinnen. Fassen Sie nun den Kreis als Rad auf und zeichnen Sie dessen Drehachse n in allen Rissen ein.

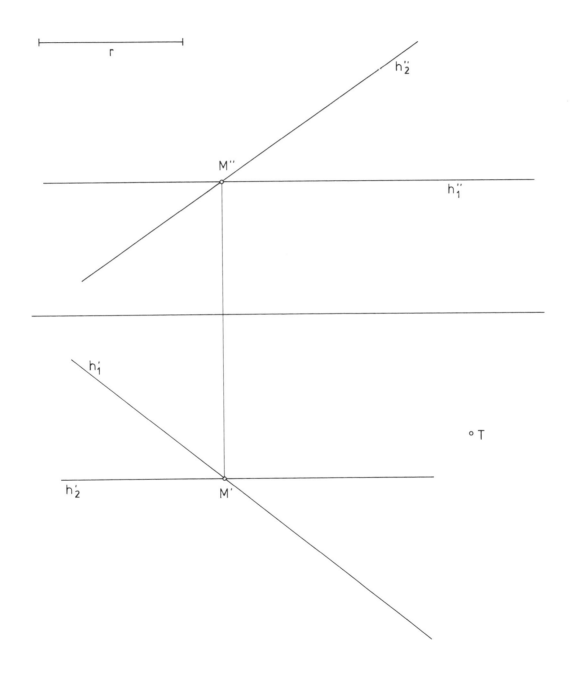

7.6. Drehkegel

Ein Drehkegel hat die Spitze S, den Öffnungswinkel $2\alpha = 60°$ und den Basiskreis k mit dem Mittelpunkt M. Zeichnen Sie Grund- und Aufriss des Kegels.

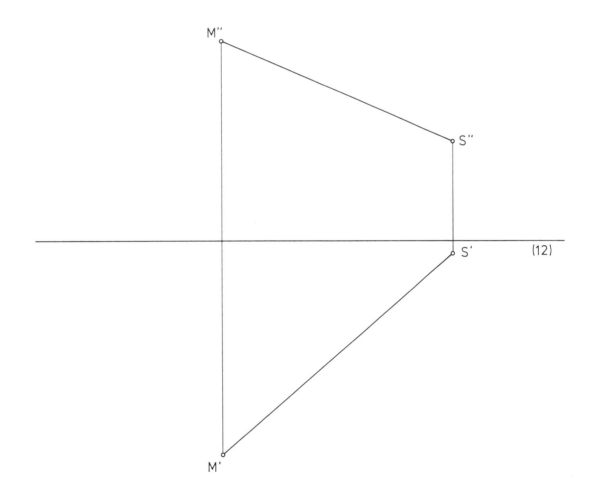

7.7. Umprojektion – Zylinderstück

Zeichnen Sie die zu den vorgegebenen Rissachsen gehörenden Seitenrisse des in Grund- und Aufriss gegebenen Zylinderstücks.

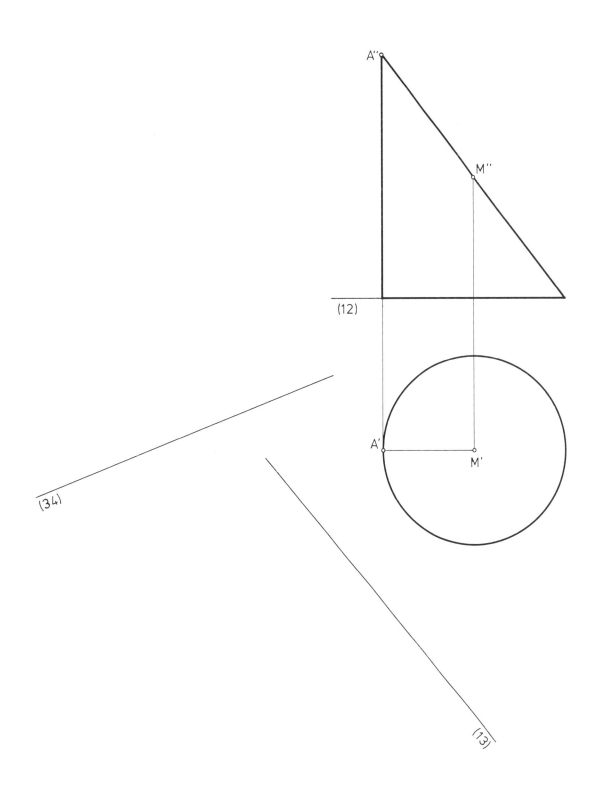

8.1. Begriffe der Zentralprojektion (Perspektive)

In der folgenden Skizze sind die Bildebene π, das Auge O und der Hauptpunkt H bezeichnet. Die Bildebene steht auf der Grundebene ε senkrecht. Ermitteln Sie die Grundebene ε, den Standpunkt S, die Spurgerade e der Grundebene, die Distanz d, den Horizont h, die Verschwindungsebene $π_v$.

Das Parallelogramm ABCD steht auf der Grundebene senkrecht. Die Gerade g = AB liegt in der Grundebene. Ermitteln Sie den Spurpunkt G von g und den Fluchtpunkt G_u^c von g^c.

Konstruieren Sie das Bild $A^cB^cC^cD^c$ des Parallelogramms. Ermitteln Sie die Spur f und die Fluchtspur f_u^c der durch ABCD bestimmten Ebene. Zeichnen Sie auch den Fluchtpunkt K_u^c der Geraden BD.

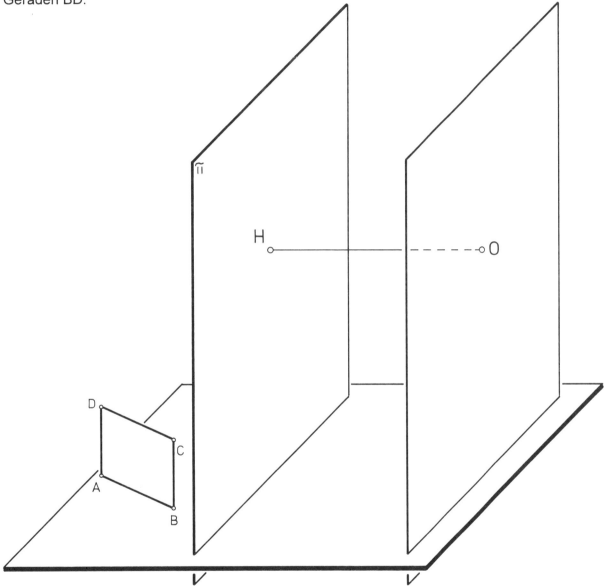

Die zu einer Geraden g parallele Projektionsgerade (durch das Auge O) schneidet die Bildebene π im Fluchtpunkt G_u^c des Zentralrisses g^c. Die Zentralrisse paralleler Geraden besitzen den gleichen Fluchtpunkt.

Geraden, die zur Grundebene ε parallel sind – und nur diese – haben Risse, deren Fluchtpunkte auf dem Horizont liegen. Parallele Geraden, die zur Bildebene parallel sind (Hauptlinien), haben parallele Bildgeraden.

8.2. Fluchtpunkte

Jemand hat von einer „Fotografie" nur noch einen Fetzen, auf dem sich das Bild zweier paralleler Schienenstücke (von der Schienenhöhe wird abgesehen) und dreier paralleler Schwellen befindet. Die Eisenbahnschienen verlaufen geradlinig und horizontal.

Entscheiden Sie, ob die Schwellen gleichen Abstand haben und ob sie gleich lang und gleich breit sind. Konstruieren Sie auch die Bilder der 1., 5., 6. und 7. Schwelle.

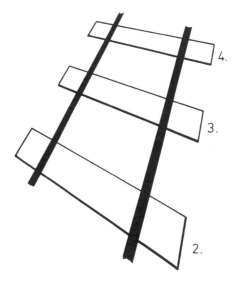

8.3. Frontalperspektive – Brücke

Nehmen Sie bitte Querformat. Sie finden die Vorderfront einer Brücke samt dem Schnitt durch die Uferbefestigung. Die zur Brücke senkrechte Uferbefestigung verläuft geradlinig. Die Bildebene sei parallel zu den Brückenfronten. Vorgegeben sind der Hauptpunkt und ein Teil des Zentralrisses der mittleren Pfeiler. Ergänzen Sie den Zentralriss der Brückenanlage.

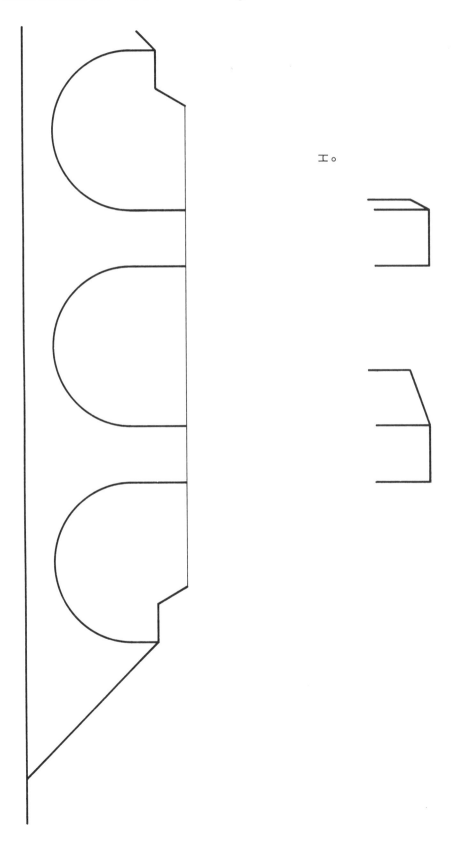

8.4. Distanzkreis – Regalwand

Eine Regalwand besteht aus zwölf „offenen Würfeln". Die Wand steht auf der Grundebene, die Bildebene ist parallel zur Frontseite der Wand. Zeichnen Sie das perspektivische Bild der Wand. Dazu sind der Hauptpunkt H, die Distanz d = 7,8 cm und der Horizont h vorgegeben. Ferner kennt man die Zentralrisse A^c und B^c der Punkte A und B aus der Vorderfront der Wand. Zeichnen Sie auch den Distanzkreis und den Schnittkreis des 60°-Sehkegels mit der Bildebene.

Wir bilden ein im Maßstab 1 : 20 verkleinertes Modell der Regalwand ab. In Wirklichkeit haben die Würfel die Kantenlänge 96 cm. Ermitteln Sie die Sehhöhe bei der Abbildung des Modells. Welcher realen Distanz und welcher realen Sehhöhe entspricht diese Anordnung?

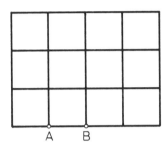

A   B

h   H

A^c B^c

8.5. Durchschnittsmethode – Ansichten einer Garage I

Im Folgenden ist das Modell einer Garage durch Grund-, Auf- und Kreuzriss in nicht zugeordneter Lage gegeben. Auf diesem und dem folgenden Blatt sollen perspektivische Bilder des Garagenmodells gezeichnet werden. Dazu sind der Grundriss π' der Bildebene und der Grundriss O' des Auges angegeben. Die Höhe des Auges über der Bildebene ergibt sich aus dem Horizont h und der Grundspur e.

Wir geben nun vier verschiedene Betrachter vor, die sich nur in der Sehhöhe unterscheiden. Zeichnen Sie jeweils das perspektivische Bild. So erhalten Sie die Ansichten eines Erwachsenen, eines Vogels, eines Kindes und eines „Frosches".

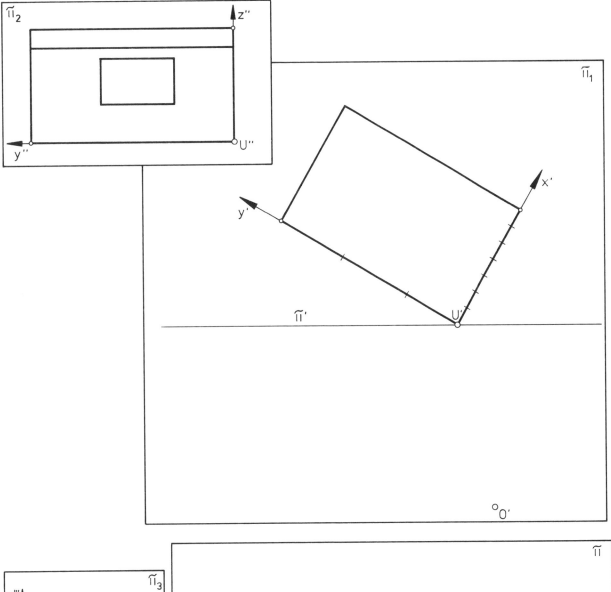

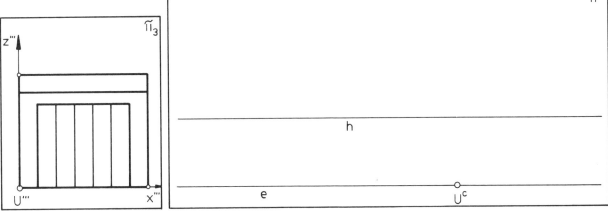

8.6. Durchschnittsmethode – Ansichten einer Garage II

Zeichnen Sie nun den zweiten, dritten und vierten der auf Blatt 8.5 beschriebenen Zentralrisse.

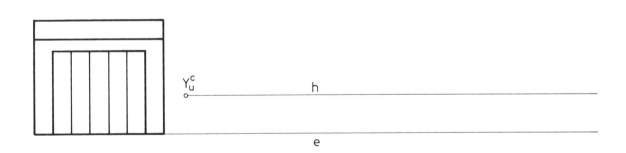

8.7. Durchschnittsmethode – Haus

Gegeben sind das Modell eines Hauses durch Grund- und Aufriss sowie der Grundriss der Bildebene π und des Auges O, der Horizont h und die Grundspur e.

Zeichnen Sie den Zentralriss des Modells mit Hilfe der Durchschnittsmethode.

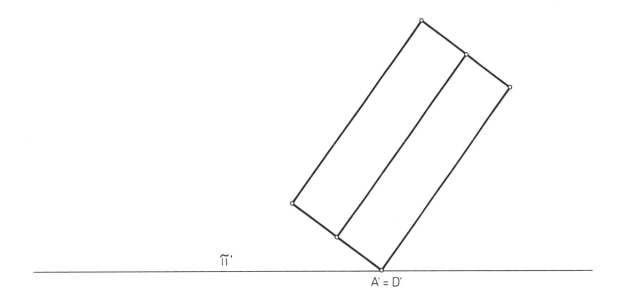

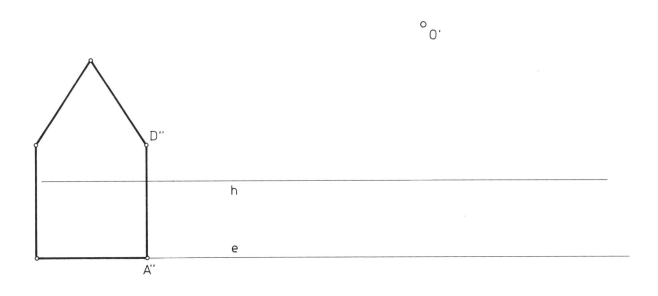

8.8. Durchschnittsmethode – Hochhaus

Zeichnen Sie den Zentralriss des gegebenen Modells eines Hochhauses zur vorgegebenen Lage von Bildebene und Auge. Benützen Sie zur Zeichnung des Risses der schmalen sichtbaren Hausfront geeignete „Messkanten".

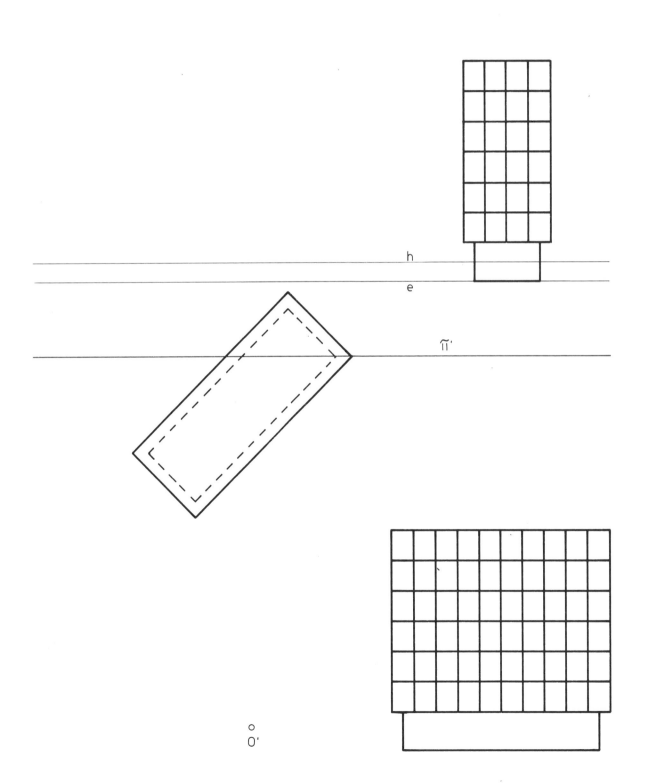

8.9. Längenmessung in der Grundebene

Die Skizze ist eine Normalprojektion auf die Grundebene ε. e ist die Spurgerade von ε (die Schnittgerade der Grundebene ε mit der Bildebene π). Die Gerade g = PQ liegt in der Grundebene ε (oder parallel zu ε). g wird in der Grundebene ε (oder parallel zu ε) um ihren Spurpunkt G in die Bildebene π hineingedreht. Es ergibt sich $g_0 = P_0Q_0$ in der Bildebene π.

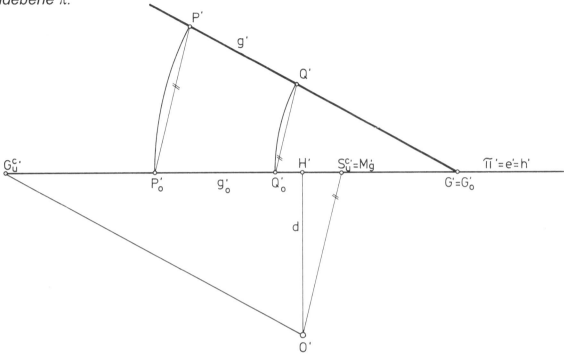

Zeigen Sie:

Der Drehsehnenfluchtpunkt $S_u^c = M_g$ (Messpunkt) der zur Grundebene parallelen Geraden g liegt auf dem Horizont h und hat vom Fluchtpunkt G_u^c die gleiche Entfernung wie das Auge: $\overline{M_g G_u^c} = \overline{O G_u^c}$.

Auf der Geraden g der Grundebene sollen von P ausgehend nach beiden Seiten jeweils zweimal Strecken der räumlichen Länge 3 cm abgetragen werden. Zeichnen Sie den Zentralriss.

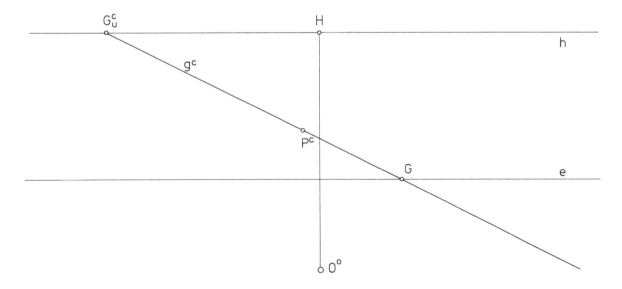

8.10. Axonometrie in der Perspektive – „E"

Vorgegeben ist in verkleinertem Auf- und Kreuzriss das 4 cm dicke und 15 cm hohe Modell des Buchstabens „E". Zeichnen Sie zunächst den Zentralriss des Grundrisses und danach den Zentralriss des gesamten Objekts in wahrer Größe. Hierzu sind gegeben: der Hauptpunkt H, der Horizont h, die Grundspur e, die Fluchtpunkte der Achsenbilder des Koordinatensystems, der Zentralriss A^c. Wählen Sie Obersicht und lassen Sie unsichtbare Kanten weg.

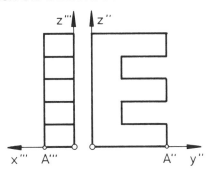

8.11. Messpunkte – Brunnen

Wählen Sie Querformat. In verkleinertem Grund- und Aufriss ist das Modell eines „regelmäßig-achteckigen" Brunnens gegeben (äußere Kantenlänge 5 cm, innere Kantenlänge 4 cm, Höhe 2 cm). Im Innern kann man unbegrenzt in die Tiefe sehen. Die Ebene des oberen Randes schneidet die Bildebene in e.

Zeichnen Sie den Zentralriss des Brunnenmodells. Dazu sind der Horizont h, der Hauptpunkt H, die Distanz d = 10 cm sowie e = e^c und der Zentralriss A^c gegeben.

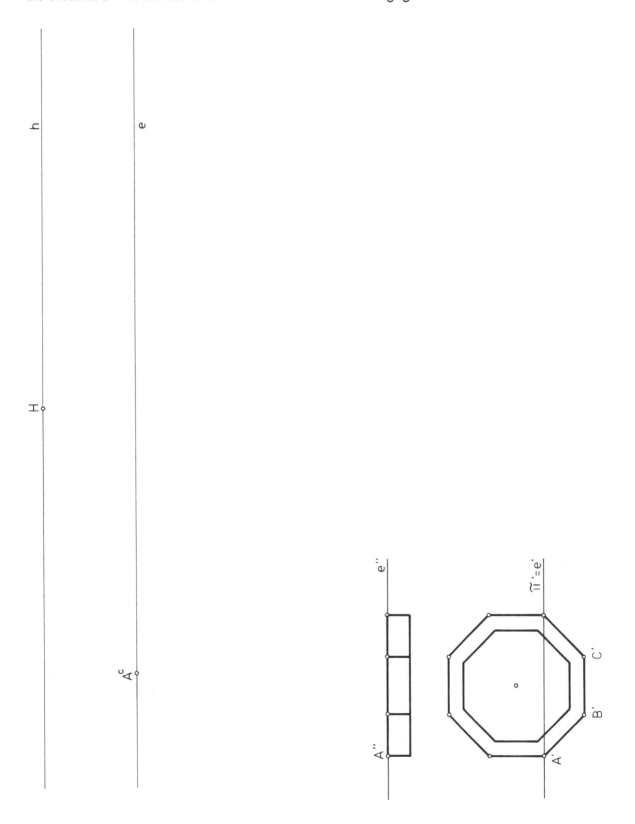

8.12. Aufbaumethode – Haus

Zeichnen Sie zunächst den Grundriss des vorgegebenen Modells eines Hauses.

Zeichnen Sie danach den Zentralriss. Hierzu sind vorgegeben: der Horizont h, der Hauptpunkt H, die Grundspur e, die Fluchtpunkte X_u^c und Y_u^c der Risse der Koordinatenachsen und der Zentralriss A^c des Punktes A. Verwenden Sie den Zentralriss eines „Kellergrundrisses". Dabei soll die Kellerebene 4 cm unterhalb der Grundebene liegen. Wählen Sie Obersicht und lassen Sie unsichtbare Kanten weg.

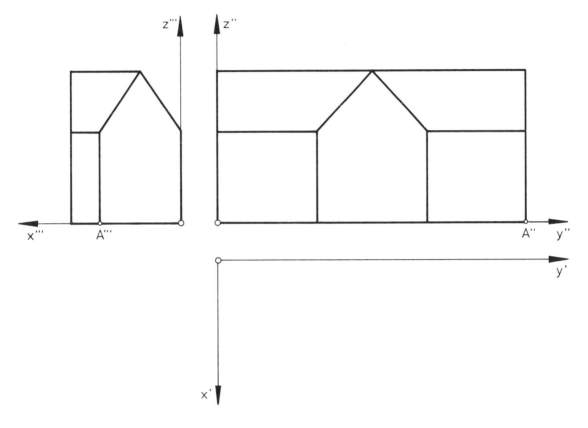

8.13. Winkelmessung – Keil

Durch Auf- und Kreuzriss im Maßstab 1 : 2 ist ein Keil gegeben. Zeichnen Sie sein perspektivisches Bild. Hierzu sind vorgegeben: der Horizont h, die Grundspur e, der Hauptpunkt H, die Distanz d = 7,5 cm, der Fluchtpunkt X_u^c des Risses der x-Achse und der Zentralriss U^c des Koordinatenursprungs. Benützen Sie zur Konstruktion den Winkel α. Wählen Sie Obersicht und stricheln Sie unsichtbare Kanten.

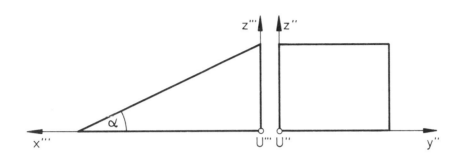

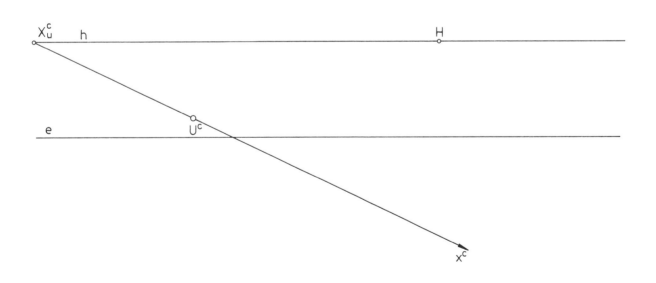

8.14. Entzerrung eines Kartenhäuschens

Vorgegeben ist der Zentralriss eines Kartenverkaufsstandes (Maßstab 1 : 50). Die obere Kante des Fensters liegt 1,90 m über dem Boden. Das ebene Dach ist mit der Neigung 13° nach hinten geneigt.

Ermitteln Sie den Auf- und den Kreuzriss (Maßstab 1 : 50).

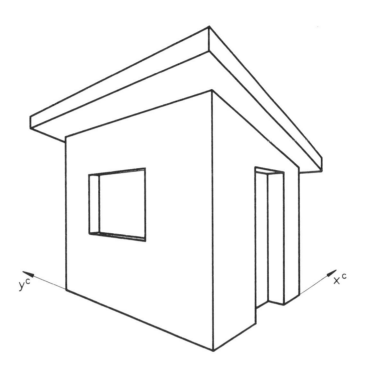

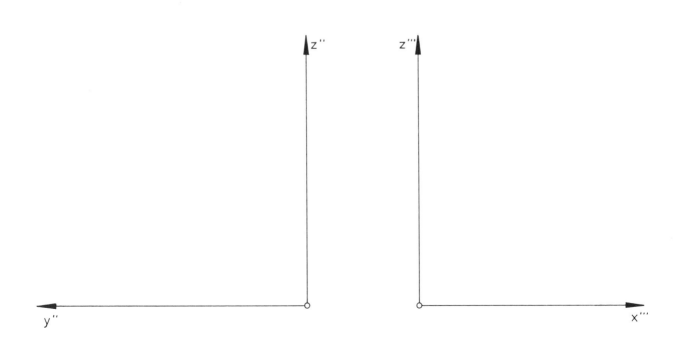

8.15. Allgemeiner Zentralriss – Würfelmehrling

Wählen Sie Querformat. Nun steht die Bildebene nicht zur Grundebene senkrecht. Vorgegeben ist zunächst das Fluchtpunktedreieck. Ermitteln Sie den Hauptpunkt H und die Distanz d.

Drei Kanten eines Würfels liegen in positiven Koordinatenachsen. Vorgegeben ist der Riss U^cA^c der in der y-Achse liegenden Kante. Ergänzen Sie den Zentralriss dieses Würfels.

Konstruieren Sie den Zentralriss des Würfelmehrlings, der entsteht, wenn drei kongruente Würfel in positiver y-Richtung und sieben weitere kongruente Würfel in positiver z-Achsenrichtung angesetzt werden.

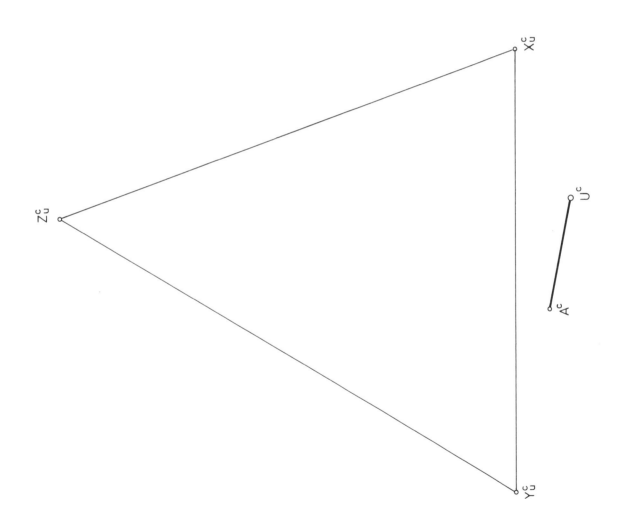